写给青少年的编程书
Python版

◎ 陈璟 夏金芳 编著

清华大学出版社

北京

内 容 简 介

本书共 6 章，以 Python 3.7 版本为主，由浅入深地介绍了 Python 的基本知识，并举例说明各个知识点。主要内容包括 Python 数据类型、条件语句、循环方式，以及字符串、列表、元组、字典等数据存储方式和函数的使用等，最后通过四个案例，帮助读者综合了解 Python 的所有知识点。

本书为 Python 的入门教材，可作为初学编程者或初、高中学生的教材或参考书。

图书在版编目（CIP）数据

写给青少年的编程书：Python 版/陈璟，夏金芳编著. —北京：清华大学出版社，2020.9
ISBN 978-7-302-56141-5

Ⅰ．①写…　Ⅱ．①陈…　②夏…　Ⅲ．①软件工具－程序设计－青少年读物　Ⅳ．①TP311.561-49

中国版本图书馆 CIP 数据核字(2020)第 143505 号

责任编辑：黄　芝　薛　阳
封面设计：刘　键
责任校对：胡伟民
责任印制：丛怀宇

出版发行：清华大学出版社
　　　　　网　　　址：http://www.tup.com.cn，http://www.wqbook.com
　　　　　地　　　址：北京清华大学学研大厦 A 座　　　　　邮　　编：100084
　　　　　社 总 机：010-62770175　　　　　邮　　购：010-83470235
　　　　　投稿与读者服务：010-62776969，c-service@tup.tsinghua.edu.cn
　　　　　质量反馈：010-62772015，zhiliang@tup.tsinghua.edu.cn
　　　　　课件下载：http://www.tup.com.cn，010-83470236
印 装 者：三河市龙大印装有限公司
经　　销：全国新华书店
开　　本：203mm×260mm　　　印　　张：12.25　　　　　字　　数：230 千字
版　　次：2020 年 11 月第 1 版　　　　　　　　　　　印　　次：2020 年 11 月第 1 次印刷
印　　数：1～2500
定　　价：69.80 元

产品编号：083009-01

前言

FOREWORD

本书的目的是帮助编程初学者以及初、高中学生掌握 Python 的基本编程思路。本书强调在做中学,通过每章的小案例以及最后章节的综合案例来完成学习。

"计算机普及要从娃娃抓起。"

随着科技的进步,计算机已经成为人们工作、学习和日常生活中不可或缺的一部分,真正达到了全民普及。在人工智能兴起的今天,人们更需要掌握一门计算机语言。计算机语言是人与计算机之间交流的语言,是人与计算机之间传递信息的媒介。我们编写的计算机程序,使计算机能够完成各种工作。因此,我们需要掌握一门计算机语言,使它成为我们解决问题的得力助手,成为我们和未来沟通的桥梁,成为我们打开新世界大门的钥匙。

为什么选择 Python?

- 简单易学:Python 结构简单,思想明确,语法清晰,有良好的可阅读性。用 Python 进行编程可以使你专注于解决问题本身而不是去追求复杂的语法。

- 交互模式:Python 是一种交互式计算机语言,可以直接执行代码返回结果,这使我们能够更好地去测试和调试代码,以更高的效率解决问题。

- 丰富的库:Python 拥有强大且丰富的标准库,通过这些库,我们可以使用其各种功能和各种工具。除了 Python 自带的标准库以外,世界各地的编程爱好者还开发了很多易用的高质量库,可以解决更为复杂的问题。

- 使用范围广:目前 Python 的受欢迎程度排在第一位,在各行各业都能够看到 Python 的身影,可以说,Python 的未来一片光明。

怎样学好 Python?

- 逻辑思维能力:要想通过编程去解决我们实际生活中的问题,仅依靠 Python 是 不行的,我们需要有缜密的思维方式和高效的算法才能编写出优秀的计算机 程序。

- 多实践,多交流:学习 Python 和学习其他知识一样,"纸上得来终觉浅",编程的 起步阶段就要经常动手去实践。遇到不懂的地方,我们还要多交流,通过吸取 别人的思维方式上的优点,丰富自己的编程实践能力。

- 养成良好的编程习惯:Python 和其他计算机语言一样,有着严格的规则和清晰 的条理。所以,在学习之初我们就要注意养成良好的编程习惯,无论是代码的 缩进、变量的命名还是注释的格式,都要严谨对待,这将影响程序的质量,也便 于他人对程序的阅读、维护和更新。

本书配套微课视频,读者可用手机扫一扫封底刮刮卡内的二维码,获得权限,再扫 一扫书中二维码,即可观看视频;配套教学课件、源代码和习题答案等资源,可通过扫 一扫下方二维码下载。

本书由陈璟和夏金芳编著,袁祯祺、柴方、张文杰等参与编写,陈璟负责全书统稿。

本书的出版得到江苏高校品牌专业建设工程二期(江南大学)项目资助。感谢黄 佳、张超翔、刘晓、郑晨辉等制作了本书教辅资料,艾紫叶设计了插图。特别感谢清华 大学出版社的大力支持,使本书顺利出版。

由于时间仓促,加上编著者水平有限,书中难免有不足之处,恳请读者和同行专家 指正。

编著者

2020 年 6 月

目 录

CONTENTS

写给青少年的编程书——Python版

## 第1章

认识新朋友Python

人类可以通过文字、语言、肢体动作等表达自己心中所想。在运用语言表达时，你可以讲中文，也可以讲其他国家的语言。同理，人们选择计算机能懂的语言，编写代码，发出指令，这样它就能明白你想让它做什么，进而付诸行动，完成使命。目前，计算机常用语言有 C 语言、Java 语言、PHP 等多种高级语言，本书将要给大家介绍一位新朋友——Python。

1.1 Python 自我介绍

大家好，我叫 Python，是一种计算机高级语言，出生于 1991 年。1989 年圣诞节那天，我的"父亲"吉多·范·罗苏姆（Guido van Rossum）为了打发无聊的圣诞节而创造了我。由于父亲是 20 世纪 70 年代风靡全球的巨蟒剧团（Monty Python）的忠实粉丝，所以，就给我取名为 Python。

我的性格"简单明了""不骄不躁",所以我的程序也简单易懂,但程序易懂是一回事,是否容易编写又是另外一回事。俗话说"万事开头难",但我有一个比较完善的基础标准库,这个库里装的都是前人的成果。标准库就像一个黑箱子,大家不用关注黑箱子里是什么样子的,只需要知道这个黑箱子有什么作用即可。记住黑箱子的名字,只需要简单地用 import 引用标准库,便可在前人的肩膀上开辟新天地,无须花时间和精力再做别人已经完成的工作,可以省去很多麻烦。另外,我的语法非常简单,没有很多的束缚,更贴近于自然语言。

1.2　给 Python 搭房子

在 Python 简单的自我介绍之后,相信大家对它已经产生了强烈的兴趣,但可能会纠结于选择 2. x 版本还是 3. x 版本的 Python。由于官方表示,2020 年 1 月 1 日将停止对 Python 2.7 的支持,所以本书选用 3. x 版本,书中所有程序以 Windows 系统中 64 位的 Python 3.7 版本为例。

要运行 Python 程序,首先需要搭建一个运行环境,也就是我们说的给 Python 搭建房子。主要分为三步:首先,在 Python 的官网(https://www. python. org/)下载 Python(注意下载 3. x 版本),然后选择安装,最后测试 Python,确定安装成功。具体过程见附录 A. 1。

安装成功后,打开 Python Shell,如图 1-1 所示。Python Shell 是一个可以输入命令的窗口,主要完成文本和程序的交互。窗体中">>>"是提示符,可以在">>>"后面输入代码。Python Shell 虽不如 Spyder(见图 A-33)等更方便编写 Python 程序,但确实是学习 Python 的好工具,在 Shell 里面可以直观快速地看到想要的结果。

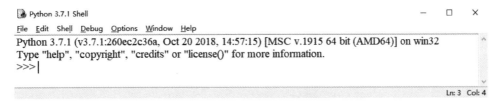

图 1-1 Python Shell

下面就看看 Python 可以做什么吧!

1.3 Python 说"hello"(案例)

了解 Python 后,如何与 Python 交流呢? 我们先来和 Python 打个招呼,说声"Hello"吧! 下面尝试第一个命令:在 Python Shell 里">>>"处输入 print("Hello")命令,命令中注意使用英文的标点。完成命令后,按 Enter 键,可以看到在这行命令的下面出现了 Hello,那么恭喜你,你已经可以控制你的程序进行输出了。

```
>>> print("Hello")
Hello
```

print("Hello")是一个简单的输出命令,"print"翻译成中文是打印的意思,当大家告诉 Python 要 print 时,Python 会将内容打印(显示)在屏幕上。print 后面的括号是一种规范形式,括号内是要显示的内容。

Python 是非常严谨的,在与 Python 交流时,一定要保证输入的命令是 Python 能懂的。Python 不如人聪慧,如果 Python 不懂你的命令,它会很困惑,偶尔还会发点儿小脾气,提示你输入的命令有误。在命令书写方面也要注意,尤其是引号等需要使用英文状态的符号。

```
>>> printf("Hello")
Traceback (most recent call last):
  File "<pyshell#1>", line 1, in <module>
    printf("Hello")
NameError: name 'printf' is not defined
```

注意,这次为什么没有输出我们想要的结果,而是出现了这样的几行字呢?别担心,Python 会告诉我们为什么会出错,这些文字解释了代码出错的原因。分析错误消息:输出语句的第一行是错误消息开始;第二行是错误发生的位置,line 1 表示错误发生在代码的第一行;第三行是错误的代码内容;第四行是 Python 认为错误的原因:名称错误,'printf' 没有定义。NameError 表示输入的名词错误,name 'printf' is not defined 表示 Python 不认识 printf,此处错误的原因是把"print"拼写成"printf"了。

在 Python Shell 中发生错误之后,想修改之前写的内容纠正错误,不可以在原来的语句上修改,需要重新输入一次正确的指令才行。还记得前面说过的吗?Python Shell 并不是一个适合编写 Python 程序的地方,但它是一个学习训练的好地方,就好比训练场适合用来训练,但并不适合战斗。像这样一行一行地输入并执行命令,在以后的编程中会比较麻烦。那么更简捷的方法是什么呢?如图 1-2 所示,单击菜单栏里的 File→New File 命令,可以新建一个 Python 文件。在里面可以写多条语句,保存并运行,也方便以后修改。

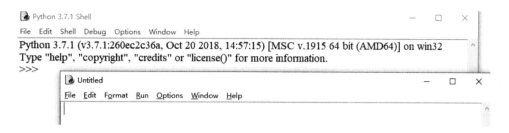

图 1-2　Python 新建文件界面

【知识拓展】　基础库作为 Python 代表性的优点,大家当然是需要了解的。

如下简单的两行代码,就可以得到圆周率 π 的值。分析代码,第一行是"import math",是导入 math 模块;第二行是输出模块 math 里的 pi。这就是基础库的强大之处,已经有前人写好圆周率的计算,只需要导入模块就可以使用。输出圆周率的值为 3.141592653589793。这个数值的精度明显已经超过了一般人记忆里的 3.141 592 6。

```
>>> import math
>>> print(math.pi)
3.141592653589793
```

扩展库则更强大,大家可以在附录 B 中学会安装并使用它。

【过关斩将】

1. 请在屏幕上打印出你的名字、年龄和性别。

2. 如图 1-3 所示,请用 * 符号在屏幕上输出一个爱心。

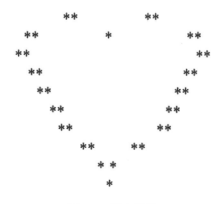

图 1-3　爱心图案

3. 两人一组，进行我画你猜游戏。一个人在屏幕上用 Python 进行绘图，另一个人猜一猜图表示什么。

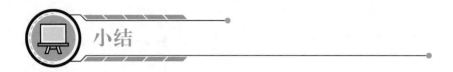

小结

本章介绍了一位新朋友 Python，以下知识点你都掌握了吗？请在已学会的知识点前打勾。

□ 给 Python 搭建房子，使用 Python Shell。

□ Python 说"hello"，说自己想说的话。

□ 安装扩展库。

## 第2章

与Python的相处之道

第 1 章中我们给 Python 搭建好了房子,让 Python 有了家,还与 Python 有了基本的交流。在这一章中,我们将教大家与 Python 的相处之道,如何与 Python 进行交流;如何运用 Python 解决简单的问题;如何与这位看似不起眼却神通广大的小伙伴建立深厚的友谊。让我们拭目以待吧!

【问题来了】

说到数据,想必大家首先想到的会是阿拉伯数字。但是,计算机能处理的远不止数字,还可以处理文本、图形、音频、视频、网页等各种各样的数据。不同的数据,拥有不同的属性,需要定义不同的数据类型。我们这位 Python 小伙伴,是怎么处理这些复杂数据的呢? 下面我们就带着问题一起学习与 Python 的相处之道。

2.1　数据类型

　　回忆一下,我们语文课学习的内容大多是用中文表达出来的,英语课的内容是用英文文字表示出来的,数学课中除了文字还包含阿拉伯数字,在 Python 的世界里,文字和数字也有其对应的表示方式,文字可以用字符串表示,阿拉伯数字可以用整型表示,而字符串、整型等就是数据的类型。

2.1.1　字符串

　　字符串在 Python 中的地位是非常高的,也是最常见的数据类型,学会使用字符串对以后的学习会有很大的帮助,加油学习吧!

　　什么是字符串?字符串就是一串字符,在 Python 中需要用单引号(' ')或者双引号(" ")标出来。例如:

　　"你好,Python!""我是一个字符串""!@＃$％\^＆*()"

> **注意**:这里的引号是英文中的引号,中、英文的引号是不一样的,需要把输入法切换为英文输入法。

　　相信大家都看过《西游记》,那么怎么在 Python 中表示师徒四人的名字呢? 如下所示。

　　"唐僧""孙悟空""猪八戒""沙僧"

不知道大家有没有注意到一个隐含的问题,既然字符串是使用引号包裹起来的,那么当字符串本身就含有单引号或者双引号的时候又该怎么表示呢?

比如师徒四人说话的内容需要用引号表示出来时,怎么区分是说话内容的引号还是字符串的引号呢?

嘿嘿,这点儿问题怎么能难倒我们呢? 当字符串中含有单引号的时候,我们就用双引号包裹起来就行啦!

```
>>> print("'大师兄!'")
'大师兄!'
```

同样的道理,当字符串中含有双引号的时候,就使用单引号包裹起来。

```
>>> print('二师兄:"大师兄!"')
二师兄:"大师兄!"
```

其实还有另外一种解决办法:使用转义字符\'和\"来定义字符串中的引号。由于许多字符在 Python 中有特殊的意思,如单引号、双引号等,在使用过程中就可能出现上述错乱问题,所以就诞生了转义字符。转义字符在字符串中将会被解析为普通的字符而不会造成歧义,我们可以使用转义字符来表示字符串中出现冲突的引号。例如:

```
>>> print('二师兄:\"大师兄!\"')  # 把字符串中的"""用转义字符"\"来代替
二师兄:"大师兄!"
```

至此,引号的问题全部完美解决。

【知识拓展】　细心的读者会发现,上面的示例代码中有一个♯,后面带了一句解释的话,这就是 Python 中的代码注释功能,在每一句代码后面都可以通过添加一个♯来添加你需要注释的话,是不是很方便呢?

【知识拓展】　转义字符除了用来表示具有特殊功能的字符之外,还有一个用途就是表示一些不可打印的字符,比如换行符、制表符等。后面的内容中会给大家重点介绍。

引号在 Python 中的作用远不止此,三引号也可以帮助我们摆脱各种转义字符以及换行的问题。更多的转义字符会在后面介绍。

有了字符串这一实用的数据类型之后,我们的 Python 小伙伴可是有很多方法去操作它的。

下面通过具体的例子,来看一看字符串的一些常用函数的作用吧!

示例:

假设字符串 a = ' My favorite book is 西游记!'

```
>>> a = '  My favorite book is 西游记!'
>>> a.upper()
'  MY FAVORITE BOOK IS 西游记!'          # 将字符串中的字母全部大写
>>> a.strip(' ')
'My favorite book is 西游记!'            # 去除字符串前面的空格
# 替换字符串'西游记'为'Journey to the West'
>>> a.strip(' ').replace('西游记','Journey to the West')
'My favorite book is Journey to the West!'
```

字符串的常用函数如表 2-1 所示。

表 2-1　字符串的常用函数

函 数 名 称	函 数 功 能
capitalize()	将字符串首字母大写
upper()	将字符串中的字母全部大写
lower()	将字符串中的字母全部小写
format()	格式化输出
strip()	去除字符串左右空格、Tab、换行符
replace()	替换字符串
lstrip()	去除字符串左边空格、Tab、换行符
rstrip()	去除字符串右边空格、Tab、换行符
startswith()	检测字符串是否是以指定字符或子字符串开头,结果是 True/False
endswith()	检测字符串是否是以指定字符或子字符串结尾,结果是 True/False
swapcase()	将字符串大小写翻转
title()	返回"标题化"的字符串,即所有单词都是以大写开始
isdigit()	判断字符串是否全部是数字
isalpha()	判断字符串是否全部是字母
isalnum()	判断字符串是否全部是数字或字母

聪明的 Python 不仅会识字,还会算算术,而且除了上面提到的字符串之外,能够直接处理的数据类型非常多,是不是很厉害呢? 主要包括以下几种:整数、浮点数、布尔值、空值、变量、常量。

2.1.2　整数

Python 可以处理任意大小的整数,当然也包括负整数,在程序中的表示方法和数学上的写法也是一模一样的,我们这位 Python 小伙伴可是很有国际范的! 例如:1,666,−2333,0,等等,在 Python 中通常使用 int 来定义一个整型变量。

当两数相除的时候,如果想取整数,可以通过 int 来解决这样的问题。

```
>>> int(1/3)
0
>>> int(9/2)
4
```

可以看到,当我们通过 int 去进行除法运算的时候,结果会被直接舍去小数部分,而不是数学中常用到的四舍五入。大家要注意这一点。

2.1.3　浮点数

浮点数也就是人们常说的小数,之所以被称为浮点数,是因为一个浮点数在按照科学记数法表示时,它的小数点位置是可以改变的,例如,2.33×10^9 和 23.3×10^8 是完全相等的。

浮点数在 Python 中当然也可以用我们平常所用到的数学写法,如 1.23,3.14,−8.88 等。但是对于非常大或者非常小的浮点数,就必须用科学记数法表示,我们将 10 用 e 来替代,1.23×10^9 就是 $1.23e^9$,12.3×10^8 也就表示成了 $12.3e^8$,0.000 012 可以写成 $1.2e^{-5}$,等等。如果要定义一个浮点类型的数据,我们通常会用到 float 来进行变量的定义。在 float()函数中,括号里出现的内容通常是整数、浮点数,以及字符串,而它的返回值则是浮点数。

```
>>> float(33)
33.0
```

```
>>> float(0.00004)
4e - 05
>>> float('123')
123.0
```

在数据处理过程中,我们可能会有数据类型转换的需求。当需要使整数和浮点数相互转换时,我们上面所学的 int()函数和 float()函数就能实现这种功能。如果想将它们转换成字符串类型,就要用到 str()函数,假设 a=123,b=123.0。示例:

```
>>> int(b)
123
>>> float(a)
123.0
>>> str(a)
'123'
>>> str(b)
'123.0'
```

【知识拓展】 当我们在处理数据时,可能并不知道原始数据文件中,数字是以何种数据类型保存的。通过上面的学习,数字的数据类型可能是字符串,也可能是整数或者浮点数,导致在后续的数据处理任务中出现错误的结果。所以 type()函数就出现了,它可以返回数据的类型,以便于我们对数据进行正确的处理。

假设 a = '123',b = 123

```
>>> type(a)
< class 'str'>
>>> type(b)
< class 'int'>
```

【知识拓展】 整数和浮点数在计算机的内部拥有着不同的存储格式,而对于整数而言,它们的运算永远是精确的(有读者可能会问,除法难道也是精确的? 是的!),而浮点数运算则没有整数运算那么精确,它往往会产生四舍五入的误差。

2.1.4 布尔值

布尔值和布尔代数的表示完全一致,一个布尔值只有 True 和 False 两种值,要么是 True，要么是 False。在 Python 中，可以直接用 True、False 表示布尔值，也可以通过布尔运算计算出来。

```
>>> True
True
>>> False
False
>>> 6 > 5
True
>>> 4 > 5
False
```

这里需要注意的是，Python 只认识首字母大写的 True 和 False，没想到 Python 有时候也笨笨的呢！

布尔值同样也可以用一种叫作逻辑运算符的操作符运算，包括 and、or 和 not。and 遵循"一假则假，全真为真"的原则；or 遵循"一真则真，全假为假"的原则；not 真假取相反。

and 运算是与运算，只有当 and 两边都为 True 的时候，and 运算结果才是 True。

```
>>> True and True
True
>>> True and False
False
>>> False and False
False
>>> 4 > 3 and 3 > 2
True
```

or 运算是或运算，只要当 or 两边的其中一个为 True 时，or 运算结果就是 True。

```
>>> True or True
True
>>> True or False
True
>>> False or False
False
```

```
>>> 3 > 3 or 1 < 3
True
```

not 运算是非运算，它是一个单目运算符，可以把 True 变成 False，False 变成 True。

```
>>> not True
False
>>> not False
True
>>> not 1 > 3
True
```

【知识拓展】 除此之外，布尔值经常出现在条件判断中，例如：

```
if age >= 18:
    print('adult')
else:
    print('teenager')
```

当 age 大于或等于 18 时，返回值为 True，执行 print('adult')语句；否则，返回值为 False，执行 print('teenager')语句。有关条件的语句会在之后的章节中详细讲述。

2.1.5 空值

在我们的小伙伴 Python 的知识库里有这样一个特殊的值，是用英文单词 None 来表示的。这里的 None 不能单单理解为 0，因为我们所熟知的 0 不管是在数学中还是在生活中都是有意义的，而这里的 None 是一个没有意义的特殊的空值。

2.1.6 变量

变量的概念基本上和初中代数的方程变量是一致的，只是在计算机程序中，变量不仅可以是数字，还可以是任意数据类型。

变量在程序中用变量名表示，变量名只能包含英文字母、数字和下画线，且不能用数字开头，例如：

```
x = 0              #变量 x 是一个整数
string = '西游记'   #变量 string 是一个字符串
Answer = True      #变量 Answer 是一个布尔值 True
```

在 Python 中,等号的作用可大了,它用于赋值语句。顾名思义,等号可以对一个变量进行赋值,而这个变量的数据类型可以是任意的,也就是之前所提到的整数、浮点数、字符串等。另外,同一个变量可以被等号反复赋值,而且每次被赋予的数据类型可以是不同的,反复赋值后保留的是最后一次赋的值,例如:

```
a = 233        # a 是整数
a = '孙悟空'    # a 变为字符串
```

【知识拓展】　在计算机编程语言中,这种变量类型不固定的语言称为动态语言,与之相对的当然也存在静态语言,而静态语言在定义变量时必须指定变量类型。如果赋值的时候类型不匹配,就会报错。例如,Python 的好朋友 Java 是静态语言,赋值语句如下(在 Java 中//表示单行注释)。

```
int a = 123;        //a 是整数类型
a = '唐僧';          //错误:不能把字符串赋值给整型变量
```

这样看来,动态语言相比于静态语言有更为灵活的优势。我们的 Python 小伙伴是不是很能干呢!

> 注意:很多读者可能会看到如下代码:
>
> x = 10
> x = x + 2

很显然,在我们所学的数学知识中,x＝x＋2 这种等式是非常低级的错误,等式两边的 x 消掉后等式不成立。如果我们的数学老师看到这种表达式,那他一定会觉得是错误的。但在计算机编程语言中,赋值语句会先计算右侧的表达式 x＋2,然后再将得到的结果赋值给变量 x。由于 x 之前的值是 10,重新赋值后,x 的值变成 12。所以,这样的写法也是正确的,大家学会了吗?

【知识拓展】　理解变量在计算机内存中是如何运作的同样也非常重要。当看到如下语句时:

```
bookname = '西游记'
```

Python 小伙伴干了两件事情：

（1）在内存中创建了一个名为"西游记"的字符串。

（2）在内存中创建了一个名为"bookname"的变量，并把它指向"西游记"。没想到这么简单的语句在计算机中也是相对复杂的，因为计算机本身是一种非常严谨的机器，每一步操作都必须有相应的操作逻辑，这样才不会出错。

学会了变量的基本定义之后，我们将学习一些更为深入的变量定义规范。例如，两个变量是可以互相赋值的，也就是说，计算机会把变量 b 指向的数据重新指向变量 a 所指向的数据，例如：

```
bookname = '西游记'
name = bookname
bookname = '孙悟空'
```

当上面三句代码运行完之后，变量 name 的内容究竟是'西游记'还是'孙悟空'呢？相信大家各有各的想法。但是从数学角度看，既然 name＝bookname，那么 name 的值就应该是与变量 bookname 相同的'孙悟空'。其实不然，实际上，name 的值是'西游记'，就让我们一行一行地看下来，看看到底发生了什么。

（1）执行 bookname＝'西游记'时，Python 创建了字符串'西游记'和变量 bookname，并把 bookname 指向'西游记'。

（2）执行 name＝bookname，Python 则又创建了变量 name，并把 name 指向 bookname 指向的字符串'西游记'。

（3）执行 bookname＝'孙悟空'时，Python 创建了字符串'孙悟空'，并修改 bookname 指向'孙悟空'，但变量 name 并没有更改，它仍然指向了字符串'西游记'。

所以，最后打印变量 name 的结果自然是'西游记'了。没想到我们的 Python 是如此循规蹈矩的一位小伙伴呢！

2.1.7　常量

学习完了变量自然少不了与之相对的常量，所谓常量就是其值不能改变的量，比如常用的数学常数 π 就是一个常量。在 Python 中，通常用全部大写的变量名表示常量。示例：

```
PI = 3.14159265359
```

【练一练】

（1）简述变量命名规范。

（2）请说出以下变量的值。

```
n = 666
f = 111.111
s1 = 'Hello, world'
```

（3）已知字符串 a = "3oG8ju90DxrPbl"，要求如下。

① 请将 a 字符串中的大写改为小写，小写改为大写。

② 请将 a 字符串中的数字取出，并输出成一个新的字符串。

（4）阅读代码，请写出执行结果。

```
a = "python"
b = a.capitalize()
print(a)
print(b)
```

（5）写代码，有如下变量，请按照要求实现每个功能。

```
name = "  Python   "
```

① 移除 name 变量对应的值两边的空格，并输出移除后的内容。

② 判断 name 变量对应的值是否以"Py"开头和以"n"结尾，并输出结果。

③ 将 name 变量对应的值中的"n"替换为"N"，并输出结果。

④ 将 name 变量对应的值根据"t"分隔，并输出结果。

⑤ 将 name 变量对应的值分别变为大写和小写，并输出结果。

【知识拓展】 小伙伴 Python 对认识的整数没有大小限制，而它的亲朋好友们，对整数的认识是根据其存储长度而有大小限制的。例如，Java 对 32 位整数的范围限制

在 −2 147 483 648~2 147 483 647。此外，Python 的浮点数也没有大小限制，但是超出一定范围就直接表示为 inf(无限大)。

 2.2　Python 会运算

学会了数据类型是不是觉得 Python 神通广大呢！当然我们这位小伙伴会的还远远不止这些，其中，解数学题也是 Python 的拿手好戏！下面我们跟着 Python 一起来学算术。

首先要介绍的就是运算符类型，这关系着 Python 所支持的运算种类的多少。

Python 小伙伴所掌握的运算类型丰富多彩：算术运算符，比较(关系)运算符，赋值运算符，逻辑运算符，成员运算符，身份运算符。

下面让我们依次看看上述运算符。

2.2.1　算术运算符

算术运算符就是数学等式中常常用到的运算符，假设变量 a 的值是 10，变量 b 的值是 20，常见算术运算符如表 2-2 所示。

表 2-2　常见算术运算符

运算符	描　　述	示　　例
＋	加法运算，将运算符两边的操作数相加	a＋b＝30
－	减法运算，将运算符左边的操作数减去右边的操作数	a－b＝−10
*	乘法运算，将运算符两边的操作数相乘	a * b＝200
/	除法运算，用左操作数除以右操作数	b/a＝2
％	模运算，用左操作数除以右操作数并返回余数	b％a＝0
**	对操作数进行指数(幂)运算	a ** b＝10^{20}

【知识拓展】　除了以上常用的算术运算符外，还有一种较为常见的运算符：//。这种运算符表示向下取整除法，即运算结果取比商小的、最接近的整数。例如，9//2 的结果为 4，−9//2 的结果为 −5。

【练一练】

说出下列语句的执行结果。

```
print(2 + 6)
print(13 - 5)
print(2 * 4)
print(int(32 / 4))
print(2 ** 3)
```

2.2.2　比较(关系)运算符

顾名思义,比较(关系)运算符可以比较它两边的值,从而确定运算符两边值之间的关系。假设变量 a 的值是 10,变量 b 的值是 20,常见比较(关系)运算符如表 2-3 所示。

表 2-3　常见比较(关系)运算符

运算符	描　　述	示　　例
==	如果两个操作数的值相等,则条件为真	(a==b)结果为 False
!=	如果两个操作数的值不相等,则条件为真	(a!=b)结果为 True
>	如果左操作数的值大于右操作数的值,则条件为真	(a>b)结果为 False
<	如果左操作数的值小于右操作数的值,则条件为真	(a<b)结果为 True
>=	如果左操作数的值大于或等于右操作数的值,则条件为真	(a>=b)结果为 False
<=	如果左操作数的值小于或等于右操作数的值,则条件为真	(a<=b)结果为 True

【练一练】

假设 a=8,b=64,说出下列语句的执行结果。

```
print(a ** 2 == b)
print(a != b)
print(a + 60 > b)
print(a < b / 10)
print(a >= b % 8)
print(a <= b / 8)
```

2.2.3 赋值运算符

赋值运算符在 2.1 节中我们已经有所耳闻，这是一种非常强大的运算符，几乎每条 Python 语句中都有它的存在，因为它能给变量赋值，从而进行一系列的运算。假设变量 a 的值是 10，变量 b 的值是 20，常见赋值运算符如表 2-4 所示。

表 2-4　常见赋值运算符

运算符	描　　述	示　　例
＝	将右操作数的值分配给左操作数	c＝a＋b
＋＝	将右操作数相加到左操作数，并将结果分配给左操作数	c＋＝a 等价于 c＝c＋a
－＝	从左操作数中减去右操作数，并将结果分配给左操作数	c－＝a 等价于 c＝c－a
＊＝	将右操作数与左操作数相乘，并将结果分配给左操作数	c＊＝a 等价于 c＝c＊a
/＝	将左操作数除以右操作数，并将结果分配给左操作数	c/＝a 等价于 c＝c/a
％＝	将左操作数除以右操作数的模数，并将结果分配给左操作数	c％＝a 等价于 c＝c％a
＊＊＝	执行指数（幂）运算，并将结果分配给左操作数	c＊＊＝a 等价于 c＝c＊＊a

【知识拓展】　除了以上常用的赋值运算符外，和算术运算符一样，也还有一种较为常见的赋值运算符：//＝。

【练一练】

说出下列语句的执行结果。

```
a = 21
b = 10
c = 0
c = a + b
print (c + 5)
c += a
print (c ** 2)
c *= a
print (c % 2)
c /= a
print (c // 2)
c = 2
c %= a
print (c >= 5)
```

```
c ** = a
print (c != 9)
c // = a
print (c == 4)
```

2.2.4　逻辑运算符

逻辑运算符就是通过逻辑运算使操作符两边的操作数返回一定结果的运算符,这种运算符在计算机编程语言中也是较为常见的。假设变量 a 的值为 True,变量 b 的值为 False,常见逻辑运算符如表 2-5 所示。

表 2-5　常见逻辑运算符

运算符	描　　述	示　　例
and	如果两个操作数都为真,则条件成立	(a and b)的结果为 False
or	如果两个操作数中的任何一个非零,则条件为真	(a or b)的结果为 True
not	用于反转操作数的逻辑状态	not a 的结果为 False

注意:优先级顺序为()＞not＞and＞or,如果优先级相同,则语句将从左往右计算。

【练一练】

说出下列语句的执行结果。

1 < 2 or 3 > 4 or 4 < 5 and 2 >= 3 and 7 > 8 or 7 < 6

not 3 > 2 and 3 > 5 or 6 < 5 and 2 > 1 and 9 < 8 or 7 < 6

5 or 3 and 5 or 3 and 0 or 8 and 6

0 or 2 and 3 and 4 or 6 and 0 or 3

3 or 2 > 1

3 or 3 > 1

0 or 2 > 4

5 > 4 or 3

3 < 1 or 6

3 and 5 < 6

0 and 3 > 1

2 < 1 and 3

2.2.5　成员运算符

Python 小伙伴还熟知一种成员运算符,这种运算符可以测试给定值是否为某一序列中的成员,例如,字符串或之后章节中会讲到的列表、元组和字典。成员运算符一共有两种,如表 2-6 所示。

表 2-6　成员运算符

运算符	描　　述	示　　例
in	如果在指定的序列中找到一个变量的值,则返回 True,否则返回 False	x in y。如果 x 在 y 序列中则返回 True
not in	如果在指定序列中找不到变量的值,则返回 True,否则返回 False	x not in y。如果 x 不在 y 序列中则返回 True

2.2.6　身份运算符

身份运算符是一种相对来说不太常用的运算符,主要用来比较两个对象的内存位置。常用身份运算符有两种,如表 2-7 所示。

表 2-7　身份运算符

运算符	描　　述	示　　例
is	判断两个标识符是不是引用自同一个对象	x is y。如果引用的是同一个对象则返回 True,否则返回 False
is not	判断两个标识符是不是引用自不同对象	x is not y。如果引用的不是同一个对象则返回 True,否则返回 False

2.2.7　运算符优先级

和数学中的运算顺序类似,在计算机编程语言中,我们的 Python 小伙伴同样会严格遵循运算符优先级的原则,表 2-8 按从高到低的优先级顺序列出了 Python 中的常见运算符。同一行中的运算符具有相同优先级。

表 2-8　运算符优先级

运　算　符	说　明
**	指数(幂)运算
*、/、%	乘法,除法,模数
+、-	加法,减法
==、! =、>、<、>=、<=	比较运算符
=、%=、/=、//=、-=、+=、*=、**=	赋值运算符
is、is not	身份运算符
in、not in	成员运算符
not	逻辑非
and	逻辑与
or	逻辑或

【练一练】

说出下列语句的执行结果。

```
a = 20
b = 10
c = 15
d = 5
e = 0
e = (a + b) * c / d
print (e > b + c)
e = ((a + b) * c) / d
print (e % (c + d))
e = (a + b) * (c / d)
print (e and (b + c) or d)
e = a + b * c / d
print (e // (b + c) or d)
```

 　2.3　Python 输入与输出　

　　从这一节开始,我们将真正与 Python 进行交流,输入即告诉 Python 我们要解决的问题,输出便是 Python 对我们的回应,这将是一段更加有趣奇妙的旅程,你们准备好了吗?

2.3.1　打印到屏幕

在第 1 章中，我们已经知道和 Python 交流的关键是 print 函数。print 函数可以通过逗号分隔多个表达式，输出多种结果。这个函数传递表达式最终将转换为一个字符串。

话说西天取经路上，沙僧多次大喊"大师兄！师父被妖怪抓走啦！"，那么我们要怎么让 Python 说出这句话呢？

如下代码可将结果在屏幕上输出。

```
>>> print ("大师兄!\n", "师父被妖怪抓走啦!")
大师兄!
师父被妖怪抓走啦!
```

【练一练】

试着写出语句，以在屏幕上输出以下内容。

① 100＋200＝300。

② 三角形的面积公式为：底×高/2。

③
```
  *
 \
 \ *
 \ **
 \ ***
```

2.3.2　格式化输出

当我们在与 Python 交流的时候，会用到之前所学的字符串或各种数据类型，而这些数据类型的输出格式可谓博大精深，下面就来简单地学习一下格式化的输出，以便和 Python 能够更好地交流沟通。

输出的格式一般分为整数的输出、浮点数的输出及字符串的输出。

整数的输出格式如表 2-9 所示。

表 2-9　整数的输出格式

符　号	说　明	符　号	说　明
%o	八进制	%x	十六进制
%d	十进制		

【知识拓展】　在日常生活中或数学课堂上,我们学习的大多都是十进制,读者有没有这样的疑问,除了十进制是不是还有二进制、三进制、四进制？答案是肯定的,并且在计算机的内部使用二进制。到底什么是进制呢？其实进制是一种记数方式,任何一个数都可以用不同的进制来表示。十进制是逢十进一,二进制则是逢二进一,其他的任何一种进制都可以此类推。例如,十进制数 $60_{(10)}$,可以用二进制表示为 $111100_{(2)}$,也可以用八进制表示为 $74_{(8)}$,用十六进制表示为 $3c_{(16)}$。

示例:

```
>>> print('%o' % 20)
24
>>> print('%d' % 20)
20
>>> print('%x' % 20)
14
```

浮点数的输出格式如表 2-10 所示。

表 2-10　浮点数的输出格式

符　　号	说　　明
%f	保留小数点后面 6 位有效数字
%.5f	保留 5 位小数位
%e	保留小数点后面 6 位有效数字,以指数形式输出
%.5e	保留 5 位小数位,使用科学记数法
%g	在保证 6 位有效数字的前提下,使用小数方式,否则使用科学记数法
%.5g	保留 5 位有效数字,使用小数或科学记数法

示例：

```
>>> print('% f' % 2.333)          # 默认保留 6 位小数
2.333000
>>> print('%.3f' % 2.33)          # 取 3 位小数
2.330
>>> print('% e' % 2.33)           # 默认 6 位小数,用科学记数法
2.330000e + 00
>>> print('%.5e' % 2.33)          # 取 5 位小数,用科学记数法
2.33000e + 00
>>> print('% g' % 233.333)        # 默认 6 位有效数字
233.333
>>> print('%.5g' % 233.333)       # 取 5 位有效数字
233.33
>>> print('%.2g' % 233.333)       # 取 2 位有效数字,自动转换为科学记数法
2.3e + 02
```

说到格式化输出，就不得不提到 Python 中的一种格式化输出函数：round（number，ndigits）。

参数：

① number：这是一个数字表达式。

② ndigits：表示最后四舍五入的位数。默认值为 0。

返回值：该函数返回 x 的小数点舍入为 n 位数后的值。

round()函数在不指定位数的时候，返回一个整数，而且是最靠近的整数，类似于四舍五入。当指定取舍的小数点位数的时候，一般情况也是使用四舍五入的规则，但是碰到.5 的情况时，如果要取舍的位数前的小数是奇数，则直接舍弃，如果是偶数则向上取舍。示例：

```
>>> round(2.1235)        # 四舍五入,不指定位数,取整
2
>>> round(2.1235,3)      # 取 3 位小数,由于 3 为奇数,则向下"舍"
2.123
>>> round(2.1225,3)      # 取 3 位小数,由于 2 为偶数,则向上"入"
2.123
```

在某些情况下，round（）函数可能并不能得到我们想要的结果，比如 round（2.1245,3)的结果在 IDLE 中的输出为 2.124,但是根据 Python 官方文档中对 round()函数的解释,得到的结果应该是 2.125。为什么？这跟浮点数的精度有关。计算机中浮点数无法精确表达,计算机通过二进制换算,已经做了截断处理。那么在计算机中保存的 2.1245 就比实际数字要小那么一点点儿。这一点点儿就导致了它离 2.124 要更近一点点儿,所以保留三位小数时就近似为 2.124。所以,除非对精确度没什么要求,否则应该尽量避免使用 round()函数。

字符串的格式化输出如表 2-11 所示。

表 2-11　字符串的输出格式

符　号	说　　　明	符　号	说　　　明
%s	常规输出	%.2s	截取 2 位字符串
%10s	右对齐,占位符 10 位	%10.2s	10 位占位符,截取 2 位字符串
%-10s	左对齐,占位符 10 位		

示例:

```
>>> print('%s' % '大师兄!')          # 字符串输出
大师兄!
>>> print('%20s' % '大师兄!')        # 右对齐,取 20 位,不够则补位
              大师兄!
>>> print('%-20s' % '大师兄!')       # 左对齐,取 20 位,不够则补位
大师兄!
>>> print('%.2s' % '大师兄!')        # 取 2 位
大师
>>> print('%10.2s' % '大师兄!')      # 右对齐,取 2 位
        大师
>>> print('%-10.2s' % '大师兄!')     # 左对齐,取 2 位
大师
```

2.3.3　读取键盘输入

在 Python 2 中,有两个函数可以听懂我们的输入数据并读取它们,这些数据默认来自键盘,这两个函数分别是 input()和 raw_input()。但在新伙伴 Python 3 中,raw_input()函数已被弃用。此外,需要注意的是,input()函数从键盘以字符串的形式读取

数据。

示例：

```
a = input("请输入 x = ")
b = input("请输入 y = ")
c = a + b
print("x + y = ", c)
```

运行结果：

```
请输入 x = 111
请输入 y = 222
x + y = 111222
```

可以看到，input()函数的返回值永远是字符串，但是某些时候，我们在处理数据时，需要返回 int 型的数据，这时候怎么办呢？这时候就需要使用 int(input())的形式，使用 int()进行强制类型转换，将字符型转换成整型，例如：

```
x = int(input("请输入 x = "))
y = int(input("请输入 y = "))
z = x + y
print("x + y = ",z)
```

运行结果：

```
请输入 x = 111
请输入 y = 222
x + y =  333
```

【练一练】

试着按要求编写代码解决问题。

（1）求平均成绩。

（2）输入学生姓名（李华）。

（3）依次输入学生的三门科目成绩（95，88，62）。

（4）计算该学生的平均成绩，并打印。

（5）平均成绩保留一位小数。

（6）计算该学生第一门科目成绩占总成绩的百分比，并打印。

2.4　文件 IO

在了解了 Python 简单的交流方式之后，我们将进一步教会大家如何用 Python 对计算机中的文件进行一些基本的操作，这可是很实用的技巧哦！Python 提供了基本的功能和必要的默认操作文件的方法。这里，我们会使用一个小工具——file 对象来进行大部分的文件操作。

大家可以将 file 对象看成一把钥匙，有了这把钥匙，我们就能够通过 Python 打开计算机文件存储的大门。这可不是一把普通的钥匙哦，它可以以多种形式打开同一文件，用不同的方式展现在我们面前，并且可以对计算机中的文件进行修改、写入的操作，甚至能够创建文件。话不多说，我们现在就来了解一下这把神奇的钥匙吧！

2.4.1　open 函数

open()函数是 file 对象这把钥匙最简单的功能之一，在读取或写入一个文件之前，你就可以使用钥匙的 open 功能来打开它。这个函数会创建一个文件对象，并且可以通过调用其他函数来对这个文件进行一系列的操作。通过这把神奇钥匙不同功能的组合，我们就能对文件进行五花八门的操作！

语法：

```
file object = open(file_name , access_mode, buffering)
```

下面是参数的详细信息。

file_name：该参数包含要访问的文件名的字符串值。这里一般填写文件在计算机中的路径，也可以理解为文件的家庭住址。

access_mode：指定该文件被打开的模式，即读、写、追加等方式。可能值的完整列表如表 2-12 所示。这是可选的参数，默认文件访问模式是读(r)。

表 2-12　文件访问模式

模　式	描　述
r	以只读方式打开文件。文件的指针将会放在文件的开头，这是默认模式
rb	以二进制格式打开一个文件用于只读。文件指针将会放在文件的开头
r+	打开一个文件用于读写。文件指针将会放在文件的开头
rb+	以二进制格式打开一个文件用于读写。文件指针将会放在文件的开头
w	打开一个文件只用于写入。如果该文件已存在，则将其覆盖；如果该文件不存在，则创建新文件
wb	以二进制格式打开一个文件只用于写入。如果该文件已存在，则将其覆盖；如果该文件不存在，则创建新文件
w+	打开一个文件用于读写。如果该文件已存在，则将其覆盖；如果该文件不存在，则创建新文件
wb+	以二进制格式打开一个文件用于读写。如果该文件已存在，则将其覆盖；如果该文件不存在，则创建新文件
a	打开一个文件用于追加。如果该文件已存在，文件指针将会放在文件的结尾，也就是说，新的内容将会被写入到已有内容之后；如果该文件不存在，则创建新文件进行写入
ab	以二进制格式打开一个文件用于追加。如果该文件已存在，文件指针将会放在文件的结尾，也就是说，新的内容将会被写入到已有内容之后；如果该文件不存在，则创建新文件进行写入
a+	打开一个文件用于读写。如果该文件已存在，文件指针将会放在文件的结尾，文件打开时会是追加模式；如果该文件不存在，则创建新文件用于读写
ab+	以二进制格式打开一个文件用于读写。如果该文件已存在，文件指针将会放在文件的结尾；如果该文件不存在，则创建新文件用于读写

buffering：Python 的文件缓冲区功能。Python 默认不设置缓冲区，如果我们把 file 钥匙的这个功能设定为 0，那么 Python 会直接将数据写在硬盘上（在计算机中，硬盘的传输速度远小于内存）；如果参数是 1，数据就会先写到内存里，当我们在使用钥匙中的 flush()函数或者 close()函数时，数据才会被 Python 更新到硬盘中，这便是 Python 的缓冲区功能。当我们在处理文件时，如果对速度有要求，便可以设置一定大小的缓冲区来提升文件的存取速度。

【知识拓展】　通常，文件以文本的形式打开，这意味着，你从文件读出和向文件写入的字符串会被特定的编码方式（默认是 UTF-8）编码。

> **注意**：模式后面可以追加参数'b'表示以二进制模式打开文件：数据会以字节对象的形式读出和写入。这种模式应该用于所有不包含文本的文件。在文本模式下读取时，默认会将平台有关的行结束符（UNIX 上是\n，Windows 上是\r\n）转换为\n。在文本模式下写入时，默认会将出现的\n 转换成平台有关的行结束符。这种暗地里的修改对 ASCII 文本文件没有问题，但会损坏 JPEG 或 EXE 这样的二进制文件中的数据。使用二进制模式读写此类文件时要特别小心。

2.4.2　file 对象属性

一旦我们让 Python 小兄弟打开了某个文件，就会有一个文件对象产生，你就可以得到有关该文件的各种信息。这里就要给大家介绍一下 file 钥匙的几个新功能了。

file.closed：如果文件被关闭则返回 True，否则返回 False。

file.mode：返回文件打开访问模式。

file.name：返回文件名。

> **注意**：这里的 file 只是文件名称，是可以随便命名的，例如，文件名命名为 test，我们这边的函数就变成了 test.closed、test.mode…，是不是很方便呢？

示例：

```
# 打开一个文件
fo = open("fo.txt", "wb")
print ("文件名: ", fo.name)
print ("是否关闭: ", fo.closed)
print ("打开模式: ", fo.mode)
fo.close()
print ("是否关闭: ", fo.closed)
```

运行结果：

```
文件名: fo.txt
是否关闭: False
打开模式: wb
是否关闭: True
```

2.4.3　file 对象的方法

我们已经学会了怎么打开/关闭一个文件，以何种方式去打开一个文件，那么接下来将会是对已经打开的文件进行具体的读写操作。例如，如何读取文件中的内容？以何种方式读取内容？如何写入内容？以何种方式写入内容？这些都会涉及 file 这把钥匙不同的本领，大家准备好了么？

假设我们已经让 Python 创建了一个名称为 fo 的文件对象。

那么接下来就将要学习如何对 fo 文件进行一些简单的操作，首先还是认识新函数。

fo. read()：这个函数可以读取一个文件的内容，调用 fo. read(size)将读取一定数目的数据，然后作为字符串或字节对象返回。size 是一个可选的数字类型的参数。当size 被忽略或者为负时，该文件的所有内容都将被读取并且返回。

以下实例假定文件 fo. txt 已存在且内容如下。

大师兄！
师父被妖怪抓走啦！

示例：

```
# 打开一个文件
fo = open("fo.txt", "r", encoding = 'UTF - 8')
str = fo.read()
print(str)
# 关闭打开的文件
fo.close()
```

运行结果：

```
大师兄！
师父被妖怪抓走啦！
```

当然，读取文件的方式多种多样，所以就有了接下来的新函数：fo. readline()。

fo. readline()会从文件中读取单独的一行。这就好比我们通过 file 钥匙打开了一扇门，当第一个小朋友从门里跑出来时，文件中的换行符/n 就会告诉 Python，有一个小朋友跑出来了，这时门就被我们重新关上了。fo.readline()如果返回一个空字符串，说明已经读取到最后一行，表示门后面已经没有小朋友了。示例：

```
# 打开一个文件
fo = open("fo.txt", "r", encoding = 'UTF - 8')
str = fo.readline()
print(str)
# 关闭打开的文件
fo.close()
```

运行结果：

大师兄!

同样地，函数 fo.readlines()将返回该文件中包含的所有行。这也很好理解，通过打开门，小朋友们从门里一个个地跑出来，每跑出一个，聪明的 Python 就会按照换行符/n 一一计数，让小朋友们有序地站好，形成整齐的列表。

示例：

```
# 打开一个文件
fo = open("fo.txt", "r", encoding = 'UTF - 8')
str = fo.readlines()
print(str)
# 关闭打开的文件
fo.close()
```

运行结果：

['大师兄!\n', '师父被妖怪抓走啦!']

如果设置可选参数 sizehint，则读取指定长度的字节，并且将这些字节按行分隔。

另一种方式是迭代一个文件对象然后读取每行。

大家注意了，这里会用到第 3 章中的知识——循环，所以大家以理解为主即可，具体内容会在第 3 章中做详细的解释。示例：

```
# 打开一个文件
fo = open("fo.txt", "r",encoding = "UTF - 8")
# 通过for语句使Python建立一个循环过程,这里指在fo中以每行读取作为一个循环过程
for line in fo:
    print(line)
# 关闭打开的文件
fo.close()
```

运行结果:

大师兄!

师父被妖怪抓走啦!

这个方法很简单,但是并没有提供一个很好的控制。因为两者的处理机制不同,最好不要混用。

除了读取文件外,当然也少不了写入操作,file钥匙的新功能fo.write()和大家见面啦!

fo.write(string)将string写入到文件中,然后返回写入的字符数。示例:

```
# 打开一个文件
fo = open("fo.txt", "w",encoding = "UTF - 8")
# 注意这边打开模式改为w,不知道大家有没有发现呢?
num = fo.write( "大师兄!\\n师父被妖怪抓走啦!\\n" )
print(num)
# 关闭打开的文件
fo.close()
```

运行结果:

15

打开fo.txt,其内容如下。

大师兄!
师父被妖怪抓走啦!

> **注意**：如果要写入一些不是字符串的内容，那么将需要先进行转换，转换的相关知识将会在之后的学习过程中讲到。

至此，我们已经和 Python 学习了很多关于文件操作的函数，当然 Python 能做的远不止如此，下面还有几个常用的文件操作函数。

fo. tell()：返回文件对象当前所处的位置，它是从文件开头开始算起的字节数。

fo. seek()：如果要改变文件当前的位置，可以使用 fo. seek(offset, from_what) 函数。offset 表示相对于 from_what 位置文件指针的偏移量，正数表示向后偏移，负数表示向前偏移。from_what 的值，如果是 0 表示开头，如果是 1 表示当前位置，如果是 2 表示文件的结尾。例如，seek(x, 0) 表示从起始位置即文件首行首字符开始移动 x 个字符；seek(x, 1) 表示从当前位置往后移动 x 个字符；seek(−x, 2) 表示从文件的结尾往前移动 x 个字符。

from_what 值默认为 0，即文件开头。下面给出一个完整的例子。

```
>>> fo = open('fo.txt', 'rb + ')
>>> fo.write(b'0123456789abcdef')
16
>>> fo.seek(5)          # 移动到文件的第 6 个字符
5
>>> fo.read(1)
b'5'
>>> fo.seek( - 3, 2)    # 移动到文件的倒数第 3 个字符
13
>>> fo.read(1)
b'd'
```

> **注意**：在文本文件中（那些打开文件的模式下没有 b 的），只会相对于文件起始位置进行定位。如果文件打开模式带 b，那写入文件内容时，str(参数) 要用 encode 方法转为 bytes 形式，否则报错：TypeError：a bytes-like object is required，not 'str'.

当你处理完一个文件后，调用 fo. close() 来关闭文件并释放系统的资源，如果尝试再调用该文件，则会抛出异常。

```
>>> fo.close()
>>> fo.read()
```

运行结果：

```
Traceback (most recent call last):
    File "< stdin >;", line 1
ValueError: I/O operation on closed file
```

> **注意**：当处理一个文件对象时，使用 with 关键字是非常好的方式。在结束后，它会帮你正确地关闭文件，而且写起来也比 try-finally 语句块要简短。

```
>>> with open('fo.txt', 'r') as f:
    read_data = f.read()
>>> f.closed
True
```

【练一练】

根据要求完成操作：读取"西游记"文件夹中的文件，将"孙悟空.txt"和"唐僧.txt"中的第一、二行文字输出到屏幕上。

  ## 2.5　os 模块常用方法

学会了文件内容的简单操作，接下来就是学习对文件本身的一些操作方法了，Python 小伙伴的 os 模块就提供了执行文件处理的操作，如重命名和删除文件的方法。要使用这个模块，需要先导入它，然后就可以调用任何相关的功能了。是不是很便捷呢？通过这种方法可以高效地对计算机中的文件进行相关的操作。

如果大家难以理解 os 模块，没关系，我们举一个例子。

海港的集装箱码头相信大家都知道，一个个整齐的集装箱好比存储在计算机中有序的文件，而 os 模块就像是码头上可以调度集装箱的吊车，可以像操作集装箱一样操作计算机中的文件。

下面我们就来探究一下它强大的功能吧！

2.5.1 重命名和删除文件

首先要学习的就是 rename( )方法。rename( )方法有两个参数：当前文件名和新的文件名。这类似于把集装箱上的标签替换成新的标签，以便后续工作的展开。

os.rename(current_file_name,new_file_name)

示例：以下例子用来重命名现有文件 test1.txt 为 test2.txt。

```
♯注意,这里就是导入了 os 模块
import os
♯将文件名 test1 变为 test2
os.rename( "test1.txt", "test2.txt" )
```

删除当然也是必不可少的操作，就像把集装箱搬离海港一样，remove( )函数提供了这种功能。

可以使用 remove( )方法根据参数——文件名(file_name)来删除文件。

os.remove(file_name)

示例：下面是删除现有文件 test2.txt 的例子。

```
import os
♯ 删除文件 test2.txt
os.remove("test2.txt")
```

2.5.2 Python 目录

在计算机中，所有的文件都被包含在不同的目录中，Python 小兄弟处理这些目录也没有什么问题。计算机中文件的目录好比超市中不同的商品区，每个商品区的标签就是目录的标签，目录下的文件就是货架上的商品，而强大的 os 模块可以用于创建、删除和更改目录。下面我们将依次为大家介绍这几种方法。

首先最常用的就是 mkdir( )方法，这种函数用于创建目录，简单地说就是建立一个文件夹。

可以使用 os 模块中的 mkdir() 方法在当前目录下创建目录。需要提供一个参数给这个方法指定要创建的目录名。

os.mkdir("newdir")

示例：下面是在当前目录创建 test 目录的例子。

```
import os
# 创建 test 目录
os.mkdir("test")
```

除了创建目录当然也少不了更改目录，chdir() 函数可以切换新目录的路径。

可以使用 chdir() 方法来改变当前目录到指定的路径。chdir() 方法接受一个参数，就是你想切换到的目录名称。

os.chdir("newdir")

示例：以下是将路径切换到/home/newdir 目录的例子。

```
import os
# 切换目录到 "/home/newdir"
os.chdir("/home/newdir")
```

大家在操作的时候是不是经常不知道当前的操作目录是什么？没事儿，Python 小伙伴通过 getcwd() 函数会准确地告诉我们。

getcwd() 方法用于显示当前的工作目录。

示例：以下是获得当前目录的例子。

```
import os
# 获取当前目录
os.getcwd()
```

rmdir() 函数可以用于删除目录，这是作为方法的参数传递。

> **注意**：删除目录前，它的所有内容应该先删除。

```
# dirname 为目录路径
os.rmdir("dirname")
```

以下是删除/home/test 目录的例子。它需要给定目录的完全合格的名称,否则会从当前目录搜索目录。

```
import os
# 删除 "/home/test" 目录.
os.rmdir( "/home/test" )
```

【练一练】

根据要求完成操作:将名为"西游记"的文件夹中的"孙悟空.txt"文件复制到"西天取经"文件夹中(保持原来格式)。

2.6　让 Python 算税收(案例)

　　假设国家对个人的税收缴纳标准如下:个人收入低于或等于 1 万元时,征税 10%;个人收入高于 1 万元、低于 2 万元时,低于 1 万元的部分按 10%征收税款,高于 1 万元的部分征收 12%的个人所得税;当达到 2～4 万元的收入时,高于 2 万元的部分征收 15%的税费;高于 4 万元时,超过 4 万元的部分按 20%缴纳税款。现在告诉 Python 收入,求应该缴纳的个人所得税款是多少,税后收入又是多少。

　　算法分析:这是一道数学应用题,只要根据划分的界限计算每一部分的金额再相加即可。

```
income = int(input('您的收入: '))
tax = [40000, 20000, 10000, 0]              # 将每阶段的界限存入列表
```

```
rate = [0.2, 0.15, 0.12, 0.1]          # 将每阶段的税率存入列表
total = 0
income0 = income
for i in range(0, 4):                   # 通过循环语句分别计算各段的税收
    if income > tax[i]:
        total = total + (income - tax[i]) * rate[i]
        income = tax[i]
print("总税收: % s" % (total))
print("税后收入: % s" % (income0 - total))
```

运行结果：

```
您的收入：3000
总税收：300.0
税后收入：2700.0
```

【过关斩将】

（1）用 Python 算算术，请计算下列式子。

① 12＋254×3－66/3

② 55×3×2－444＋678×23

③ 35＋53

（2）用 Python 写文章，请按要求完成以下操作。

① 建立"西游记"文件夹。

② 在文件夹中创建"西游记观后感.txt"文件。

③ 打开该文件，并输入你想说的话，保存后关闭文件。

小结

我们学习了和这位十八般武艺样样精通的 Python 小兄弟交流的很多新方式，通过这些简单的交流方式，我们已经可以在计算机中对文件进行很多相关的操作了，是不是很酷呢？通过 Python 我们使用函数来对文件进行操作，在某些时候效率会高于我们平时所看到的图形界面。特别是进行一些批量操作的时候，这种通过 Python 语句的操

作就显得尤为便捷。

　　通过本章的学习,大家一定能够和这位新朋友 Python 进行一些简单的交流了,也学会了和 Python 的诸多相处方式,那么同学们具体学会了哪些相处之道呢?

　　□ 熟悉各种数据类型。

　　□ 熟练运用各种运算符。

　　□ 和 Python 进行简单的输入/输出交流。

　　□ 通过 Python 处理一些简单的文件。

　　此外,Python 还提供了列表、字典等多种数据类型,还允许创建自定义数据类型,后面会讲到。接下来将继续跟大家一起探索 Python 的奥妙,深入了解这位无所不能的新朋友。

第3章

了解Python的思维方式

通过前两章的学习,大家了解了与Python的相处之道,认识了基本数据类型,学习了简单的运算,懂得了如何与Python深入的交流。下面将继续我们的学习旅程。在生活中,我们常会表达假设,例如,如果明天不下雨,我们就出去玩。除此之外,我们还会多次重复做一样的事,例如,从1依次数到100。那我们在Python中如何表达这些情况呢?本章将主要讲解条件选择和循环,教会你使用条件语句和循环语句。在学习中,我们会遇到很多难题,今天Python要使用条件选择和循环帮我们解决难题,话不多说,我们开始吧!

【问题来了】

给定一个班期末百分制考试成绩,如何将成绩转换为A,B,C,D等级形式?

规则如下：

成绩在 90 分以上为 A，成绩在 75～90 分为 B，成绩在 60～75 分为 C，成绩在 60 分以下为 D。

你一定想到怎么做了：判断成绩在哪一个范围，即知道成绩对应的等级。那么使用 Python 要如何实现呢？聪明的 Python 提供了多种方法，我们一起来看看 Python 是如何解决这个问题的吧！

首先分析一下题目：将百分制成绩转换为 A，B，C，D 等级形式成绩，在前面学习了数据类型，可以使用一个变量 score 存储输入的成绩，判断 score 在哪一个范围，使用 print( ) 语句输出对应的 A，B，C，D 等级。现在的问题是：如何在特定的范围输出特定的等级？

在此之前，我们先来认识一个"好朋友"——代码块。

3.1　代码块缩进

什么是代码块呢？它和 Python 是好朋友吗？它又有什么用呢？它在程序中无处不在，至关重要。代码块是由一组语句组成的，可以在满足条件时执行（如条件语句）、可以执行多次（如循环语句），等等。为了让编译器或解释器准确地把一堆代码划分到各自的代码块中，在 Python 中采用缩进方式来实现。

在 Python 中，缩进具有非常大的意义，可以使用 Tab 键（制表符）或者空格实现缩进，一个缩进一般为 4 个空格。Python 中，同一个代码块，各行的缩进是相同的。例如：

```
>>> if True:
        print("This is a link.")
        print("This is also a link.")
This is a link.
This is also a link.
>>> if False:
        print("This is a link.")
        print("This is also a link.")
>>>
```

严谨的 Python 非常注意缩进，如果在一个代码块中有一行的空格不是 4 个而是 6 个，Python 会如何解决呢？

```
>>> if True:
        print("This is a link.")
          print("This is also a link.")
SyntaxError: unexpected indent
>>> if False:
        print("This is a link.")
          print("This is also a link.")
SyntaxError: unexpected indent
```

观察第二个 print("This is also a link.")发现，print 前面有 6 个空格，比前面的 print 语句多两个空格，则 Python 运行时，会报错"SyntaxError：unexpected indent"，因为在同一个代码块中，所有行的缩进是相同的（相同数量的空格），Python 不理解第二个 print("This is also a link.")语句属于哪个代码块。这样严格的缩进使得 Python 的代码整齐，可读性很高，在平时编写代码时，也要格外注意代码的缩进。

在新写一行并且此行比前一行空格多时，则开始写一个新的代码块，这个代码块属于前面代码块的一部分。看看下面的伪代码，你一定会明白的。

【知识拓展】 伪代码是算法的辅助工具，主要体现一个算法的思想，不需要准确地写出代码，以文字和代码结合的方法，将算法表示出来。

图 3-1 中 block1 属于第一个代码块，block2 属于第二个代码块，block3 属于第三个代码块。其实，当你改变缩进时，就是在建立新的代码块，对上面的示例改一改缩进，结果完全不同，如图 3-2 所示。

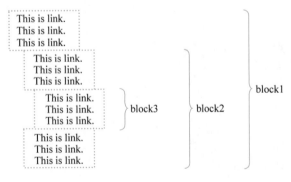

图 3-1 代码块

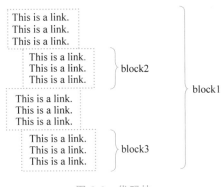

图 3-2　代码块

Python 的许多好朋友（如 C，Java）都是使用特殊的符号或者关键词来表示代码块的，如"{}"。在 Python 中，使用冒号（:）指出接下来的是代码块，如同人们语言表达一样，使用冒号（:）引出，并且如果代码块中的每一行代码的缩进相同，表示它们是同一个代码块，因此在发现当前的缩进量与之前的缩进量不相同时，你就知道代码块到这里就结束了。这使得 Python 的缩进非常严谨，代码也十分整齐。

示例中的 True 和 False 是本书前面介绍的布尔值。很神奇吧？冒号（:）前为 True 时执行随后的代码块，为 False 时不执行随后的代码块。if 是如果满足条件的意思，布尔值在条件语句中有什么作用呢？

3.2　再谈布尔值

在本书的 2.1 节我们学习了布尔值，曾经也多次遇到了真值，在这里我们使用布尔值作为条件语句判断条件。

```
>>> bool(True)
True
>>> if True:
        print('这是对的')
这是对的
```

布尔值为真，执行输出"这是对的"语句。

```
>>> bool(False)
False
>>> if False:
        print('这是错的')
>>>
```

布尔值只有 True 和 False。在 Python 中,谁是真谁是假,不妨使用 bool()辨认它们的布尔身份。

```
>>> bool(1)
True
>>> bool(0)
False
>>> bool('Python')
True
>>> bool(None)
False
>>> bool("")
False
>>> bool([])
False
>>> bool({})
False
>>> bool(0.0)
False
>>> bool(-0)
False
```

由此可以看出,不单单是 False 为假,None、""(表示空字符串)、[]、{}、各种类型(包括整型、浮点型等)的数值 0 等被编译器都视为假。

```
>>> type(True)
<class 'bool'>
>>> type(False)
<class 'bool'>
```

正如我们所想，布尔值 True 和 False 属于 bool 类型。

```
>>> type('student')
<class 'str'>
>>> type(3.14)
<class 'float'>
>>> type(6)
<class 'int'>
```

bool 与 str、int、float 一样，是一种数据类型。

```
>>> bool('I am a student.')  ♯句意：我是一个学生
True
>>> bool(56)
True
>>> bool(0)
False
>>> bool( - 1)
True
>>> bool([])
False
```

bool()可以将其他值转换为布尔值，这为我们增添了许多条件语句的判断条件。

```
>>> True + True
2
>>> True + 0
1
>>> False + False
0
>>> True == 1
True
>>> False - 1
 - 1
```

bool 类型也可以做运算。实际上，True 和 False 不过是 0 和 1 的别名，表示方式不同，但作用几乎相同。

3.3 条件语句

到目前为止,我们编写的程序都是排好队一条一条地执行,而且每条只执行一次。

我们认识了代码块,温习了布尔值,我们又与 Python 靠近了许多。想与 Python 更加亲近些,就必须学习 Python 的条件选择,Python 为了让我们更好地理解,给我们出了一道难题。

问题如下:

"如果你 18 岁了,则你已经成年了。"

编写一个程序,让用户输入自己的年龄,当用户输入的年龄大于或等于 18 岁时,在屏幕上输出"你已经成年了!"。

分析:

当用户输入的年龄小于 18 岁时,不用做任何操作,只有当用户输入的年龄大于或等于 18 岁时,执行 print('你已经成年了!'),输出"你已经成年了!"。现在需要考虑的是,如何在用户输入年龄大于或等于 18 岁时,执行 print('你已经成年了!')语句,在用户输入的年龄小于 18 岁时,不执行 print('你已经成年了!')语句。

可以像下面这样做。

```
>>> age = int(input())
18
>>> if age >= 18:
        print('你已经成年了!')
你已经成年了!
>>> age = int(input())
16
>>> if age >= 18:
        print('你已经成年了!')
>>>
```

在人们的语言表达中常常会出现假设。当然在 Python 中,也有条件语句来表达假设,条件语句是使用 if、else、elif 等关键字来判断某些条件结果(True 或者 False),然后决定执行相应代码块的语句。条件语句用来做比较,它明确地告诉我们比较的结果是真(True)

还是假(False)。示例中条件 age>=18,相当于在表达"变量 age 的值大于或等于 18 吗?"。

3.3.1　if 语句

前面示例中我们看到的 if 是如果条件满足的意思,当条件为 True 时,才会执行冒号 (:)后的代码块,当条件为 False 时,不执行代码块。if 语句相当于在表达"如果条件满足,我们这样做,否则不做"。if 语句让我们能够有条件地执行代码块。

if 语句的流程图如图 3-3 所示。

之前的程序都是一条一条地执行,if 语句给我们增加了其他选择,使得我们的程序有了别的选择,可以自行决定是否执行条件代码块。

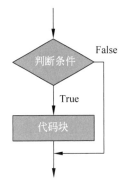

图 3-3　if 语句流程图

明白了 if 语句的流程图,你是不是知道之前关于等级评分的问题该怎么实现了呢? A 等级的范围是 90～100 分,所以 if 的判断条件为 score>=90 and score<=100,执行代码块为 print('A')。下面是 A 等级的程序。

```
score = int(input('请输入一个成绩: '))
if score > = 90 and score < = 100:
    print('A')
```

A,B,C,D 等级分别有固定范围,使用多个 if 语句,判断条件如下。

```
score = int(input('请输入一个成绩: '))
if score > = 90 and score < = 100:
    print('A')
if score > = 75 and score < 90:
    print('B')
if score > = 60 and score < 75:
    print('C')
if score < 60:
    print('D')
if score > 100 or score < 0:
    print('输入成绩有误,请输入百分制成绩.')
```

3.3.2 else 子句

if 语句除了条件为 True 时可以执行某代码块,条件为 False 时也可以使用。例如,如果你满 18 岁了,在屏幕上打印"你已经成年了!",否则打印"你还是个小孩子!"。

```
>>> age = int(input())
18
>>> if age >= 18:
        print("你已经成年了!")
    else:

SyntaxError: invalid syntax
```

Python 报出了错误,注意上段代码第五行,此句代码注意缩进,需像下面这样。

```
>>> age = int(input())
18
>>> if age >= 18:
        print("你已经成年了!")
else:
        print("你还是个小孩子!")
你已经成年了!
```

在这里,使用 else 增加一个选择,打印"你还是个小孩子!",不满足判断条件时,执行这一条语句。下面把变量 age 的值改成小于 18 的值,我们会看到不一样的结果,让我们试一试。

```
>>> age = int(input())
16
>>> if age >= 18:
        print("你已经成年了!")
else:
        print("你还是个小孩子!")
你还是个小孩子!
```

确实如我们所想,打印了"你还是个小孩子!"。else 并不是独立的语句,一般需要和 if 语句搭配使用,毕竟它们是好"兄弟"。它们相当于在表达"如果条件是真的,则我们这样做,否则那样做。"

if-else 语句的流程图如图 3-4 所示。

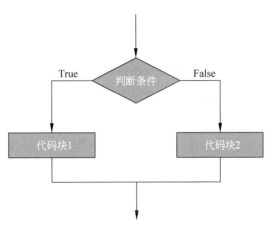

图 3-4 if-else 语句流程图

前面使用 if 语句解决了根据条件判断的问题,Python 还有另一种方法,如果没有满足 A 等级的条件,则进入 B 等级,如果也没有满足 B 等级的条件,则继续判断 C 等级条件,以此类推。

使用 else 结构,对前面的代码稍加改动,同样可以解决这类问题。程序如下。

```python
score = int(input('请输入一个成绩: '))
if score >= 90 and score <= 100:
    print('A')
else:
    if score >= 75 and score < 90:
        print('B')
    else:
        if score >= 60 and score < 75:
            print('C')
        else:
            if score < 60 and score >= 0:
                print('D')
            else:
                print('输入成绩有误,请输入百分制成绩.')
```

至此,我们学习了 if 语句、if-else 子句,Python 分别使用它们解决了条件判断问题。if-else 还有别的写法,下面让 if 语句给我们介绍它的好朋友——条件表达式。

它的结构是这样的：

y = 值 1　if　判断条件 else　值 2

如果你还是很困惑,请看下面的示例。

```
>>> x = 1
>>> y = 5 if x == 1 else 6
>>> y
5
>>> x = 2
>>> y = 5 if x == 1 else 6
>>> y
6
```

当 x=1 时,if 后的判断条件为 True,则 y=5；当 x=2 时,if 后的判断条件为
False,则 y=6。如图 3-5 所示是程序执行流程图。

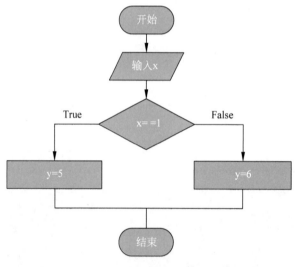

图 3-5　程序执行流程图

当 if 后面的判断条件为 True 时,则 y 为第一个值(5),否则为第二个值(6)。

3.3.3　elif 子句

在现实中,我们常常有多个选择条件,例如,根据一个人的不同年龄(3 岁,12 岁,

18 岁,24 岁,30 岁等),在屏幕上打印不同的信息。当然,也可以使用多个 if 语句。

```python
age = int(input())
if age == 30:
    print('You are 30 years old.')
if age == 24:
    print('You are 24 years old.')
if age == 18:
    print('You are 18 years old.')
if age == 12:
    print('You are 12 years old.')
if age == 3:
    print('You are 3 years old.')
```

除了使用多个 if 语句,我们还可以使用多个 if-else 语句结合,像下面这样。

```python
age = int(input())
if age == 40:
    print('You are 40 years old.')
else:
    if age == 24:
        print('You are 24 years old.')
    else:
        if age == 18:
            print('You are 18 years old.')
        else:
            if age == 12:
                print('You are 12 years old.')
            else:
                if age == 3:
                    print('You are 3 years old.')
                else:
                    print('How old are you?')
```

可以看到,这样编写程序,代码很不整齐,可读性很差,因此 Python 提供了 elif 语句。elif 是 else if 的缩写,它是由一个 if 语句和一个 else 子句组合而成的。elif 子句和 else 子句的不同在于,在同一个语句中可以有多个 elif 子句。

```
age = int(input())
if age == 24:
    print('You are 24 years old. ')
elif age == 18:
    print('You are 18 years old. ')
elif age == 12:
    print('You are 12 years old. ')
elif age == 3:
    print('You are 3 years old. ')
else:
    print('How old are you?')
```

执行结果：

```
12
You are 12 years old.
```

示例中，age＝12，依次检查条件是否满足，第一个条件是判断 age 是不是等于 24，第二个条件是判断 age 是不是等于 18，第三个条件满足，因此执行 print('You are 12 years old. ')。

elif 也有一定的结构，常常与 if 配合使用，if-elif-else 的流程图如图 3-6 所示。

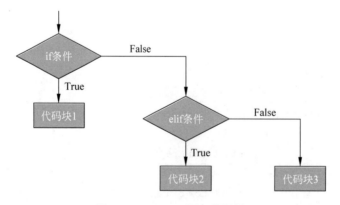

图 3-6　if-elif-else 语句流程图

理解了 elif 的结构，对前面的代码稍做改动，同样也可以解决问题。程序如下。

```
score = int(input('请输入一个成绩: '))
if score >= 90 and score <= 100:
    print('A')
elif score >= 75 and score < 90:
    print('B')
elif score >= 60 and score < 75:
    print('C')
elif score < 60 and score >= 0:
    print('D')
else:
    print('输入成绩有误,请输入百分制成绩.')
```

学习了条件语句,下面可以做些有趣的事。在很多故事中,常常有多个不同的人物,例如,在《西游记》中就有各种各样的人物,每个人物都有不同的外貌特征与性格特点,Python 也十分想认识他们,与他们做朋友。下面我们给 Python 介绍唐僧、孙悟空、猪八戒、沙僧师徒四人的性格特征。

唐僧:谦恭儒雅,温柔敦厚,忠贞笃诚,……

孙悟空:疾恶如仇,敢于斗争,追求自由,……

猪八戒:性格憨厚,好吃懒做,见识短浅,……

沙僧:勤劳稳重,任劳任怨,正直无私,……

```
name = input('请输入一个名字: ')
if name == '唐僧':
    print('谦恭儒雅,温柔敦厚,忠贞笃诚,…… ')
elif name == '孙悟空':
    print('疾恶如仇,敢于斗争,追求自由,…… ')
elif name == '猪八戒':
    print('性格憨厚,好吃懒做,见识短浅,…… ')
elif name == '沙僧':
    print('勤劳稳重,任劳任怨,正直无私,…… ')
else:
    print('请重新输入一个名字,我还不知道他的性格特点.')
```

运行结果:

请输入一个名字：唐僧♯ 第一个执行结果
谦恭儒雅,温柔敦厚,忠贞笃诚,……
请输入一个名字：孙悟空♯ 第二个执行结果
疾恶如仇,敢于斗争,追求自由,……
请输入一个名字：谨♯ 第三个执行结果
请重新输入一个名字,我还不知道他的性格特点。

在程序中使用了 elif 语句,让程序有多个选择,通过判断输入的名字与哪一个名字相等,输出他的性格。在第一个执行语句中,输入"唐僧",即 name 为唐僧,进入第一个判断,判断条件为 True,输出打印唐僧的性格特点,结束程序;在第二个执行语句中,输入"孙悟空",即 name 为孙悟空,进入第一个判断,判断条件为 False,进入第二个判断,条件为 True,输出打印孙悟空的性格特点,……,结束程序。

条件语句给我们的程序增加了许多选择,让我们的程序不是单单地一条一条执行,而是可以有选择地执行。条件语句的判断条件有很多,有的也很复杂,接下来看看复杂的判断条件。

3.3.4　复杂的判断条件

在表达式运算中,最基本的运算符是比较运算符,用于执行比较。下面看看它们都有什么强大的作用。

1. 身份（相同）运算符：is

is 用于检查两个对象是否相同。

```
>>> x = y = "唐僧"
>>> z = "唐僧"
>>> if x == y:
        print('x 与 y 是相等的')
x 与 y 是相等的
>>> if x == z:
        print('x 与 z 是相等的')
x 与 z 是相等的
>>> if x is y:
        print('x 与 y 是相同的')
```

x 与 y 是相同的
```
>>> if x is z
        print('x 与 z 是相同的')
>>>
>>> if not x is z:
        print('x 与 z 不是相同的')
x 与 z 不是相同的
```

是不是非常奇怪？ x，y，z 都表示唐僧，"x＝＝y"和"x＝＝z"都为 True，它们是相等的，执行 print()语句，"x is y"为 True，而"x is z"为 False，为何是这样的？ 因为 is 是检查两个对象是否相同，不是相等。x 和 y 指向同一个"唐僧"对象，但 z 指向另一个"唐僧"对象（只是与前面字符串的值相同并顺序相同），只表明它们相等，并非相同。看看图 3-7 是不是就明白了？

图 3-7　＝＝和 is 对比图

似乎有点儿疑惑，我们继续看一个例子。

```
>>> x = [1,2,3]
>>> y = [1,2]
>>> x == y
False
>>> x is y
False
>>> del x[2]
>>> x
[1,2]
>>> y
[1,2]
>>> x == y
True
```

```
>>> x is y
False
```

列表 x 为[1,2,3],y 为[1,2],x 与 y 的元素个数、元素都不相同,自然不相等,也不相同。我们对 x,y 做些操作,删除(del)x 的第三个元素,再次比较,x==y 为 True,x is y 为 False。是不是明白了?"=="是比较两个对象的内容是否相等,而"is"是比较两个对象是否相同。

> **注意**:列表是 Python 中一种可操作的序列,在第 4 章中会详细介绍。

2. 成员运算符:in

in 是"在什么之内"的意思,确定一个对象是否在另一个对象内,可以使用成员运算符 in。

```
>>> tang = "唐僧"
>>> if "唐" in tang:
        print('字符串"唐"在字符串"唐僧"中。')
字符串"唐"在字符串"唐僧"中。
>>> if "孙悟空" in tang:
        print('字符串"孙悟空"在字符串"唐僧"中。')
>>>
>>> if not "孙悟空" in tang:
        print('字符串"孙悟空"不在字符串"唐僧"中。')
字符串"孙悟空"不在字符串"唐僧"中。
```

正如我们所想,字符串"唐"在字符串"唐僧"中,所以判断条件为 True,字符串"孙悟空"不在字符串"唐僧"中,所以判断条件为 False。

Python 提供了许多比较运算符,如表 3-1 所示。

表 3-1 比较运算符

运算符	描　　述	实　　例
is	检查左右是否引用同一对象	x='ab',y='ab',x is y 为 True
is not	检查左右是否引用不同对象	x='cd',y='ab',x is not y 为 True
in	检查属于关系	x='a',y='ab',x in y 为 True
not in	检查不属于关系	x='c',y='ab',x not in y 为 True

Python 不单单提供比较运算符,还有三个逻辑运算符,如表 3-2 所示。

表 3-2　逻辑运算符

运算符	描　述	实　例
and	与运算	x＝True,y＝False,x and y 为 False
or	或运算	x＝True,y＝False,x or y 为 True
not	非运算	x＝True,not x 为 False

> **注意**:Python 的布尔运算符有个习惯,只做有必要的运算。例如,前面提到,仅当 x 和 y 都为 True 时,x and y 才为 True,如果当 x 为 False 时,Python 不会再去看 y 的值,x and y 直接返回 False。相信你已经知道 or 的情况了,仅当 x 和 y 都为 False 时,x or y 才为 False,如果当 x 为 True 时,x or y 直接返回 True,不会关心 y。这种现象叫作短路逻辑。

在前面学习了如何将一个百分制期末成绩转换为 A,B,C,D 等级形式的成绩,介绍了三种方法,使用条件语句判断成绩在哪一个范围,则输出相应的等级。可是,老师很困惑,每次只能输入一个成绩,一个班级有 60 名同学,需要多次重新打开程序,然后输入每位同学的成绩,当然也可把程序复制 60 遍,输入 60 名同学的成绩。这样做显得格外麻烦,而且代码的重复度很高,Python 是一门高级语言,十分聪慧,一定有更好的方法,我们一起去问问 Python 吧!

3.4　循环

到目前为止,我们知道了使用条件语句在特定条件下可执行特定的代码块,现实生活中,我们常常会重复多次做一样的事,在 Python 中,我们要如何实现重复多次执行相同的语句呢?

先看一个简单例子。在《西游记》中孙悟空会七十二变,神通广大,变化多端,可变人,可变植物,甚至可变无生命的物体。其实 Python 也非常想了解这七十二变,让我们来告诉 Python 这神通广大的七十二变。现在的问题是:我们如何把这七十二变告诉 Python 呢?这里我们可以在屏幕上打印,把这七十二变告诉 Python。现在先解决第一变,前面学习了 print()语句,它可以与 Python 畅快地交流,可以像下面这样做。

```
print("第 1 变")
```

你是不是想到如何告诉 Python 孙悟空的七十二变了,是不是使用下面的方法(以下代码为伪代码,不能在编译器上直接运行)?

```
print("第 2 变" )
print("第 3 变" )
print("第 4 变" )
…
print("第 70 变" )
print("第 71 变")
print("第 72 变")
```

使用 72 个 print()语句分别输出,如果是 100 种变化、1000 种变化,甚至无数种变化,就需要写无数个 print()语句,这工程得多大啊! 显然这是不科学的。简单明了的 Python 怎么可能只有这一种方法,其实只是希望程序多次执行 print()语句,当执行 72 次时,结束输出。我们可以看到输出的七十二变只是从 1 递增到 72,其他的并没有变化。在前面学习过字符串连接,首先可以使用一个变量 x 存储当前是第几变,然后连接字符串“'第'+x+'变'”,使用 print()语句输出,现在的问题是:变量 x 从 1 自增到 72,每次执行一次 print(),当 x 为 73 时,停止执行。Python 是否有这样的结构呢? 答案是肯定的。

为了减少烦琐,Python 提供了循环语句:while 循环,for 循环。循环是通过判断条件结果(True 或者 False)多次执行代码块的语句。下面看看 Python 是如何轻松解决这个问题的。

3.4.1　while 循环

为了避免前面示例代码的烦琐,可以使用 while 循环,减少代码的编写,少做重复的工作,像下面这样。

```
x = 1
while x <= 72:
    print('第' + str(x) + '变')
    x += 1
```

变量 x 的初始值为 1。while 是 Python 的关键字，表示循环，随后跟着循环的条件："x<=72"，当 x 的值满足"x<=72"时，进入循环，不满足时，结束循环。冒号(:)指出接下来的是循环代码块。在循环代码块中一般会包括循环条件变量的变化语句，如果没有这样的语句，那么循环条件会永为 True，将会无限循环，这是 Python 不希望的。

while 循环包括三个条件：循环变量，while，循环变量的变化语句。while 循环的流程图如图 3-8 所示。

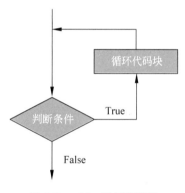

图 3-8　while 语句流程图

while 循环给我们的程序增加了一条往回的选择，形成了一个循环，在循环条件为 True 时，循环执行代码块，在循环条件为 False 时，结束循环。

还可以使用 while 循环来向 Python 多打几次招呼，例如：

```
>>> x = 1
>>> while x <= 5:
        print('Hello Python')
        x += 1

Hello Python
Hello Python
Hello Python
```

```
Hello Python
Hello Python
```

当然,你也可以做许多有趣的事,例如,计算 1~100 内所有整数的和。

count＝1＋2＋3＋…＋98＋99＋100

```
x = 1
count = 0
while x <= 100:
    count = count + x
    x += 1
print(count)
```

循环的初始变量 x＝1,循环条件为 x<=100,即当 x<=100 时继续进入循环,每循环一次,将 x 与 count 相加,再赋值给 count,循环变量 x 自增 1,所以 count＝0＋1＋2＋3＋…＋98＋99＋100。

3.4.2　for 循环

while 循环非常灵活,在循环条件为 True 时,重复执行代码块,为我们减少了不少工作量。Python 还有一种循环——for 循环,在学习 for 循环之前,先来看一个例子:孙悟空拔一根猴毛,一吹,就会出现数只猴子,下面使用 Python 来表现一下孙悟空这个神奇的功夫。你肯定想到使用循环,像下面这样。

```
>>> x = 1
>>> while x <= 5:
        print("孙悟空",x)
        x += 1
孙悟空 1
孙悟空 2
孙悟空 3
孙悟空 4
孙悟空 5
```

当然,我们还可以使用另一种循环。

```
>>> for i in range(5):
        print('孙悟空',i+1)
孙悟空 1
孙悟空 2
孙悟空 3
孙悟空 4
孙悟空 5
```

for 循环流程图如图 3-9 所示。

for 循环和 while 循环类似,给我们的程序增加了一条往回的选择,形成了一个循环。在循环条件为 True 时,执行循环代码块,在循环条件为 False 时,结束循环。相信你一定注意到了 range(),下面详细介绍 range()。

range()是一个函数,常常与 for 循环搭配使用,可以使一段代码块循环执行指定的次数。

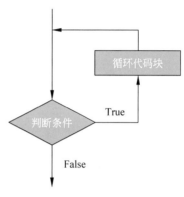

图 3-9　for 语句流程图

range()函数的原型为:range(start,end[,step])。start 是计数的开始值,默认为 0;end 是计数结束值,但是不包括 end;step 是步长,默认为 1,不可以为 0,它不但可为正数,还可为负数。

例如,使用 for 循环与 range()搭配输出 0～12。

```
>>> for i in range(0,13,1):
        print(i)
0
1
2
3
4
5
6
7
8
9
10
```

```
11
12
```

开始值为 0,结束值为 13(不包括 13),步长为 1,因此从 0 开始,逐步加 1,直到 12。当然,其步长是可以修改的。下面我们做点儿有趣的事,输出 1~12 范围内的奇数。

```
>>> for i in range(1,13,2):
        print(i)
1
3
5
7
9
11
```

开始值为 1,步长为 2,逐步加 2,输出 1~12 的奇数。当然,步长也可以换为负数,下面倒序输出 8、7、6、5、4、3、2、1、0。

```
>>> for i in range(8, - 1, - 1):
        print(i)
8
7
6
5
4
3
2
1
0
```

步长不能为 0,否则 Python 会很困惑,报出错误。

```
>>> for i in range(0,5,0):
        print(i)

Traceback (most recent call last):
  File "< pyshell＃5 >", line 1, in < module >
```

```
for i in range(0,5,0):
ValueError: range() arg 3 must not be zero
```

步长默认为 1，使用默认步长，则 range() 函数形式变为：range(start,end)。示例中的步长为 1，因此可以省略不写，像下面这样做。

```
>>> for i in range(0,7):
        print(i)
0
1
2
3
4
5
6
```

起始值默认为 0，使用默认起始值、默认步长，则 range() 函数形式变为：range(end)。示例中的起始值为 0，步长为 1，因此可以省略不写，像下面这样做。

```
>>> for i in range(5):
        print(i)
0
1
2
3
4
```

range() 函数并不是创建一个数字列表，实际返回的是一个"迭代器"的特殊对象，一种专门用来与循环搭配使用的特殊对象。

使用 for 循环时，不用非得使用 range() 函数，还可以使用已经创建好了的列表。

```
>>> name = ['唐僧','孙悟空','猪八戒','沙僧']
>>> for i in name:
        print(i)
唐僧
孙悟空
```

猪八戒
沙僧

在这里，我们先创建好一个列表 name，使用 for 循环依次把它的每一个值放在变量 i 里，然后输出变量 i。如果我们不使用 for 循环，当然需要编写大量的代码，像下面这样做。

```
>>> name = ['唐僧','孙悟空','猪八戒','沙僧']
>>> print(name[0])
唐僧
>>> print(name[1])
孙悟空
>>> print(name[2])
猪八戒
>>> print(name[3])
沙僧
```

循环为我们减少了大量的编写代码量，因此循环在 Python 中有着很高的地位。循环中的代码块需要注意缩进，如果输入的缩进不对，Python 会很困惑，报出错误。

```
>>> name = ['唐僧','孙悟空','猪八戒','沙僧']
>>> for i in name:
        print(i)
          print(i)
SyntaxError: unexpected indent
```

示例中第二个 print(i) 的前面多了两个空格，Python 理解不了，报出 SyntaxError 错误。缩进很重要，也很容易犯错，在编写代码时需要格外注意。

注意：在第 4 章中将会详细介绍列表。

下面我们来学点儿更有趣的，在循环中，继续插入循环。

```
>>> name = ['唐僧','孙悟空','猪八戒','沙僧']
>>> for i in name:              # 第一个循环
        print(i,1)              # 第一个代码块
```

```
        for j in name:          #第二个循环
            print(j,2)          #第二个代码块
唐僧 1
唐僧 2
孙悟空 2
猪八戒 2
沙僧 2
孙悟空 1
唐僧 2
孙悟空 2
猪八戒 2
沙僧 2
猪八戒 1
唐僧 2
孙悟空 2
猪八戒 2
沙僧 2
沙僧 1
唐僧 2
孙悟空 2
猪八戒 2
沙僧 2
```

我们在第一个循环内插入第二个循环,第一个代码块(print(i))是在第一个循环中执行,第二个代码块(print(j))是在第二个循环中执行。

Python 进入第一个循环,输出 name 中的一个元素,然后进入第二个循环,依次输出 name 中的所有元素。然后继续第一个循环中的 print(i),输出 name 中的一个元素,然后再次进入第二个循环,依次输出 name 中的所有元素。直到第一、二个循环都结束。

你是不是已经明白了如何解决全班的成绩等级转换问题了?我们只需要将判断成绩等级的代码块放在 for 循环中,例如:

```
for i in range(60):
    score = int(input('请输入一个成绩: '))
    if score >= 90 and score <= 100:
```

```
        print('A')
    elif score >= 75 and score < 90:
        print('B')
    elif score >= 60 and score < 75:
        print('C')
    elif score < 60 and score >= 0:
        print('D')
    else:
        print('输入成绩有误,请输入百分制成绩。')
```

首先班级的人数为 60,我们将判断成绩等级的代码块放在 for 循环中,循环执行 60 次,每执行一次,能判断一位同学的成绩,这样就实现了 60 名同学的成绩转换。

但班级人数往往是不同的,如何解决不同班级的成绩转换?大家肯定都能想到第 2 章中介绍的变量,那么我们此处如何结合使用呢?

```
x = int(input('请输入班级人数: '))
for i in range(x):
    score = int(input('请输入一个成绩: '))
    if score >= 90 and score <= 100:
        print('A')
    elif score >= 75 and score < 90:
        print('B')
    elif score >= 60 and score < 75:
        print('C')
    elif score < 60 and score >= 0:
        print('D')
    else:
        print('输入成绩有误,请输入百分制成绩。')
```

我们借助 input 函数来接收键盘输入的值,这个值由键盘输入决定,使用这个变量 x 存储班级的人数,首先输入班级人数,然后循环执行 x 次,这样就可以简单解决不同班级的成绩转换。

下面我们使用 while 循环实现。

```
x = int(input('请输入班级人数: '))
i = 0
```

```
while i < x:
    i += 1
    score = int(input('请输入一个成绩: '))
    if score >= 90 and score <= 100:
        print('A')
    elif score >= 75 and score < 90:
        print('B')
    elif score >= 60 and score < 75:
        print('C')
    elif score < 60 and score >= 0:
        print('D')
    else:
        print('输入成绩有误,请输入百分制成绩。')
```

 **3.5　跳出循环**

　　我们明白了什么是循环,如何使用循环。循环重复多次执行代码块的特点为我们减少了代码的编写量。在程序中,很多时候我们需要中途结束循环或者跳过本次循环,直接执行下一次循环,为此,Python 提供了 break 和 continue 语句。

3.5.1　break

　　我们知道当条件为假或者使用完循环序列中的所有元素时,才会结束循环。如果像下面这样做,循环的条件永远为 True,将会进入无限循环,输出无数个“Hello Python”。

```
while True:
    print('Hello Python')
```

　　break 语句用于终止循环语句,在循环条件不为假或者循环序列中的元素没使用完时,也会停止执行循环语句。我们在示例的循环语句中加入 break。

```
while True:
    print('Hello Python')
    break
```

运行结果：

```
Hello Python
```

while True 使得循环成为无限循环，但是执行结果并没输出无数个"Hello Python"，而是只输出了一个。在程序中，常常使用 break 终止循环语句。break 的流程图如图 3-10 所示。

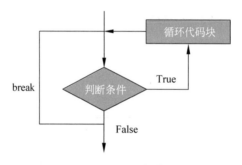

图 3-10　break 语句流程图

在我们知道循环结束条件时，可以使用 while 循环或 for 循环配合结束条件，可是，在没有明确循环条件时，又要如何解决？例如，找出小于 100 的最大平方数。可以从 100 向下找，在找到一个平方数小于 100 时，不需要再向下找，跳出循环。

```
import math
for x in range(99,0, - 1):
    root = math.sqrt(x)
    if root == int(root):      #返回 x 的平方根
        print("小于 100 的最大平方数: " + str(x))
        break
```

执行结果：

```
小于 100 的最大平方数: 81
```

9 的平方为 81，在 x 为 81 时，root 为 9（一个正整数），转换为 int 型，因此 if 条件为 True，执行 print()输出语句，break 跳出循环，结束循环。

下面我们玩一个小游戏，输入姓名，我们向他问好。这里当输入的不是姓名（输入为空）时，停止执行。

你想到怎么做了吗？是不是像下面这样做的？

```
>>> name = 'Python'
>>> while name:
        name = input()
        print('你好!',name)
```

运行结果：

```
唐僧
你好! 唐僧
孙悟空
你好! 孙悟空
猪八戒
你好! 猪八戒
沙僧
你好! 沙僧
```

在小游戏中，第一个 name＝'Python'并没有用到，这在 Python 中显得多余。为了进入循环，我们设置了一个值，顺利进入循环。这样的代码并不美观，Python 也不喜欢。你可以像下面这样做。

```
>>> name = input()
唐僧
>>> while name:
        print('你好!',name)
        name = input()
你好! 唐僧
孙悟空
你好! 孙悟空
```

猪八戒
你好！猪八戒
沙僧
你好！沙僧

3.5.2　while True/break

我们发现第一个 name＝input( )与循环中的 name＝input( )两个地方是重复的，Python 也不希望代码重复，可以使用 while True/break 避免代码重复。

```
>>> while True:
        name = input()
        if not name:
            break
        print('你好!',name)
```

运行结果：

唐僧
你好！唐僧
孙悟空
你好！孙悟空
猪八戒
你好！猪八戒
沙僧
你好！沙僧

while True 使循环成为无限循环，这样循环将永不结束，但我们在循环体中加入了 if-break 语句，在满足 if 条件时，执行 break，结束循环。这也说明了并不是必须把循环条件放在 while 的开头，也可以在循环体中加入结束条件，使用 break 跳出循环。

3.5.3　continue

语句 continue 相对于 break 要用得少些，continue 用于终止当前循环，忽略剩余的语句，然后回到循环的顶端。在开始下一次迭代之前，如果是条件循环，先验证条件表达式；如果是迭代循环，则验证是否还有元素可以迭代，只有在成功的前提下，才开始下一次迭代。在循环体很庞大、很复杂时，continue 是很有用的。

continue 的流程图如图 3-11 所示。

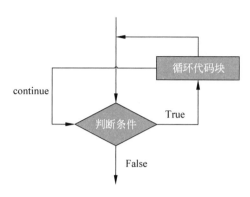

图 3-11　continue 语句流程图

我们创建一个 name 列表，使用 for 循环打印列表 name 中的元素，在元素为"猪八戒"时，执行 continue。

```
>>> name = ["唐僧","孙悟空","猪八戒","沙僧"]
>>> for x in name:
        if x == "猪八戒":
            continue
        print(x)

唐僧
孙悟空
沙僧
```

在执行结果中，打印了唐僧、孙悟空、沙僧。continue 只是结束了元素为"猪八戒"时的执行，并且直接跳到了下一次的循环。下面我们试一试 break。

```
>>> name = ["唐僧","孙悟空","猪八戒","沙僧"]
>>> for x in name:
        if x == "猪八戒":
            break
        print(x)
唐僧
孙悟空
```

执行结果完全不同，没有打印 name 中的猪八戒、沙僧。在元素为"猪八戒"时，break 跳出了循环，结束了整个循环。

 **3.6 循环中的 else**

通常，当在某处已经实现你想要的结果，程序不需要继续运行时，则可以使用 break 提前结束循环。

```
name = ["唐僧","孙悟空","猪八戒","沙僧"]
for x in name:
    print(x)
    break
print('提前结束了循环。')
```

运行结果：

```
唐僧
提前结束了循环。
```

我们有时候需要在循环正常结束时，才会做一些事。例如，唐僧师徒四人需要经历九九八十一难，才能到西天取得真经，只要少经历一难就不能取得真经。

我们使用 difficult = ["第一难","第二难","第三难","第四难","第五~八十难"，"第八十一难"]存储这八十一难（为程序编写方便，把五到八十难合在一起），只有唐僧师徒四人顺利通过这八十一难，正常循环打印这八十一难，循环正常结束，唐僧师徒四人才能取得真经。

我们如何判断循环是正常结束还是提前结束？可以在循环之前定义一个布尔变量来标识是否提前结束循环，先将它设置为 False，在循环中，如果是提前结束循环，将它设置为 True。在循环外使用 if 条件语句判断布尔变量的值即可判断是否提前结束循环，从而可知道唐僧师徒四人是否能取得真经。

```
flag = False
difficulties = ["第一难","第二难","第三难","第四难","第五~八十难","第八十一难"]
```

```
for x in difficulties:
    if x == "第四难":
        flag = True
        break
    print(x)
if flag:
    print('没有经历八十一难,不能取得真经。')
```

运行结果:

```
第一难
第二难
第三难
没有经历八十一难,不能取得真经。
```

不过也可以在循环中加入一个 else 子句,只有循环正常结束时,才会执行 else 子句。

```
flag = False
difficulties = ["第一难","第二难","第三难","第四难","第五～八十难","第八十一难"]
for x in difficulties:
    if x == "第四难":
        flag = True
        break
    print(x)
else:
    print('经历完八十一难,可以取得真经。')
if flag:
    print('没有经历八十一难,不能取得真经。')
```

运行结果:

```
第一难
第二难
第三难
没有经历八十一难,不能取得真经。
```

下面唐僧师徒四人经历了八十一难,成功取得了真经。

```python
difficulties = ["第一难","第二难","第三难","第四难","第五～八十难","第八十一难"]
for x in difficulties:
    print(x)
else:
    print('经历完八十一难,可以取得真经。')
```

运行结果:

```
第一难
第二难
第三难
第四难
第五～八十难
第八十一难
经历完八十一难,可以取得真经。
```

continue 也可以跳出本次循环,直接进入下一次循环,循环中执行了 continue,Python 认为是提前结束循环,还是正常结束循环呢? 我们试一试。

```python
difficulties = ["第一难","第二难","第三难","第四难","第五～八十难","第八十一难"]
for x in difficulties:
    if x == "第四难":
        continue
    print(x)
else:
    print('经历完八十一难,可以取得真经。')
```

运行结果:

```
第一难
第二难
第三难
第五～八十难
第八十一难
经历完八十一难,可以取得真经。
```

可以看到,在循环中执行了 continue,但 Python 认为循环是正常结束的,会执行 else 子句。当然 while 循环中也是可以加上 else 子句的。

```python
x = 0
while x < 4:
    name = input()
    print('你好!',name)
    x += 1
else:
    print('没有提前结束循环。')
```

运行结果:

```
唐僧
你好! 唐僧
孙悟空
你好! 孙悟空
猪八戒
你好! 猪八戒
沙僧
你好! 沙僧
没有提前结束循环。
```

下面看看提前结束循环会怎样。

```python
x = 0
while x < 6:
    if x >= 4:
        break
    name = input()
    print('你好!',name)
    x += 1
else:
    print('没有提前结束循环。')
```

运行结果:

```
唐僧
你好! 唐僧
孙悟空
你好! 孙悟空
猪八戒
你好! 猪八戒
沙僧
你好! 沙僧
```

无论是在 for 循环还是在 while 循环中,都可以使用 break,continue,else。

【练一练】

(1) 到底谁是真的?

在《西游记》中,六耳猕猴假冒孙悟空打伤唐僧,经过地府阎罗王、东海龙王、观世音菩萨都没辨认出来,下面请你使用 Python 判断到底谁才是真的。提示:六耳猕猴名字为六耳猕猴,孙悟空名字为孙悟空。

(2) 判断一个整数是否为偶数。

分析:输入整数,用 n 存储,一个整数为偶数的条件是:能被 2 整除,即对 2 求模为 0。

(3) 判断贞观元年是否为闰年。

贞观元年(公元 627 年),唐僧远游印度,师徒四人踏上了西天取经之路。现在需要你判断下公元 627 年是否为闰年。提示:公元 627 年按 627 算为整数,用 year 存储。

(4) 打印 1～100 的素数。

3.7 猜大小游戏(案例)

我们经常玩这样的游戏,给定一个 100 以内的整数,然后让别人来猜,如果猜的数字比这个数字大,则提示"哎哟,你猜大了。";如果猜的数字比这个数字小,则提示"哎哟,你猜小了。";如果猜的数字与这个数字一样大,则提示"对的,对的,原来你这么懂我。"。

```
b = 56
while True:
    print('请输入你猜的数字：')
    a = int(input())
    if a > b:
        print('哎哟,你猜大了。')
    elif a < b:
        print('哎哟,你猜小了。')
    else:
        print('对的,对的,原来你这么懂我。')
        break
```

运行结果：

```
请输入你猜的数字：
1
哎哟,你猜小了。
请输入你猜的数字：
100
哎哟,你猜大了。
请输入你猜的数字：
56
对的,对的,原来你这么懂我。
```

【过关斩将】

（1）在小学，我们学习了乘法口诀表，打印乘法口诀表。

1 * 1＝1

2 * 1＝2 2 * 2＝4

3 * 1＝3 3 * 2＝6   3 * 3＝9

4 * 1＝4 4 * 2＝8   4 * 3＝12 4 * 4＝16

5 * 1＝5 5 * 2＝10 5 * 3＝15 5 * 4＝20 5 * 5＝25

6 * 1＝6 6 * 2＝12 6 * 3＝18 6 * 4＝24 6 * 5＝30 6 * 6＝36

7 * 1＝7 7 * 2＝14 7 * 3＝21 7 * 4＝28 7 * 5＝35 7 * 6＝42 7 * 7＝49

8 * 1＝8 8 * 2＝16 8 * 3＝24 8 * 4＝32 8 * 5＝40 8 * 6＝48 8 * 7＝56 8 * 8＝64

9 * 1＝9 9 * 2＝18 9 * 3＝27 9 * 4＝36 9 * 5＝45 9 * 6＝54 9 * 7＝63 9 * 8＝72 9 * 9＝81

（2）编写程序打印下面的数字三角形。

```
      1
     212
    32123
   4321234
  543212345
 65432123456
```

小结

本章介绍了条件选择和循环，且讲解了两者都接触到的代码块内容，这使得 Python 的代码十分整齐，可读性很高。然后介绍了布尔值，让大家对其有更深入的了解。其中，条件语句让我们实现了在程序中可以有多个选择，不同条件下执行不同的代码块。循环语句是通过判断条件结果（True 或者 False）多次执行代码块的语句。Python 提供了 while 循环和 for 循环，为我们减少了代码的编写和重复的工作。循环语句当条件为假或者使用完循环序列中的所有元素时，就会结束循环。当然我们也可以使用 break 和 continue 提前结束循环，或结束本次循环直接进入下次循环。

那么读者具体学会了哪些内容呢？请在下面已学会的知识点前打勾。

☐ 代码块缩进

☐ 布尔值使用

☐ 条件判断

☐ 循环

☐ 跳出循环

☐ 循环中的 else

第4章

各司其职的数据

在现实生活中,我们的世界丰富多彩,事物以各种形式存在于世界中,除了有枯燥的数字,还有很多都是具体的事物,如"苹果""香蕉""汽车""人"等,那我们又怎样才能把这些事物在 Python 中表示出来呢?它们之间怎样进行运算呢?别担心,这一章的内容可以让你对 Python 里面数据的类型有更加深入的理解! Python 是个大世界,里面的数据也是多种多样的,也就是说数据有很多类型。除了之前所了解的数据类型(字符串型、整型、浮点型)外,在编程语言中,还有很多能够操作的数据类型,并且还可以进行存储,如函数、对象等,暂时不必深究。

学习完这一章你会深入了解字符串的使用方法以及一些特殊的数据类型,如列表、元组、字典等,话不多说,我们开始吧!

【问题来了】

现在你有一个名单：唐僧，孙悟空，猪八戒，沙僧。你需要把他们的名字存到 Python 的变量中，怎么处理呢？

让我们分析一下，之前所学过的数据类型只有能够表示单个数据的数据类型，并没有能够把多个名字存起来的变量类型，那么我们能不能用本章新学的数据类型把他们表示出来？答案是可以的！

 ## 4.1 字符串

在第 2 章中，我们就已经接触过一次字符串了，那时还不够熟悉，只是简单地了解了字符串的概念以及一些操作，在这一章，我们将会继续学习字符串的其他性质。

4.1.1 字符串赋值

现在我们已经知道了什么是字符串，并且知道怎样表示它们的名字了，那么怎样赋值呢？下面就让我们打开 Python 的开发环境吧！

Python 中对字符串的赋值与其他类型的赋值方法一样，等号左边是变量名，等号右边是数据。

```
>>> tang = '唐僧'
>>> sun = '孙悟空'
>>> zhu = '猪八戒'
>>> sha = '沙僧'
```

如果我们直接给一个变量赋值为一个空的字符串要怎么操作？可以直接用一对单引号或者一对双引号来表示一个空的字符串，如""、''，这种方法常用来初始化一个字符串。注意，这里的两个引号之间是没有空格的，如果有空格的话就不是空的字符串了，因为空格本身就是一个字符，只是看不见而已。

```
>>> string1 = ''
>>> string2 = ''
```

```
>>> print(string1)

>>> print(string2)

>>> print(len(string1))
0
>>> print(len(string2))
1
```

len(string)可以查看 string 的长度。

这样我们就把四个人的名字存进了变量 tang、sun、zhu、sha 中。我们可以通过使用 type()来查看它们的数据类型。

```
>>> tang = '唐僧'
>>> type(tang)
<class 'str'>  # 'str' 表示字符串类型,全称是 'string'
```

4.1.2 字符串的运算

既然整型数据可以进行运算,那么字符串可不可以进行加减乘除运算呢？让我们来试一下！

```
>>> tang = '唐僧'
>>> sun = '孙悟空'
>>> tang + sun
'唐僧孙悟空'
>>> tang - sun
Traceback (most recent call last):
  File "< pyshell#8 >", line 1, in < module >
    tang - sun
TypeError: unsupported operand type(s) for - : 'str' and 'str'
>>>
>>> tang - '僧'
Traceback (most recent call last):
  File "< pyshell#17 >", line 1, in < module >
    tang - '僧'
TypeError: unsupported operand type(s) for - : 'str' and 'str'
```

哇！可以看到对字符串的操作中是可以进行加法运算的，也就是字符串的拼接，如图 4-1 所示，在一串字符串后面加上另外一个字符串，在现实生活中也是有意义的。但是在现实中，我们也可以想到，是没有字符串相减的操作的，比如'唐僧'-'孙悟空'这是没有意义的，所以可以看到 Python 告诉我们，操作类型不对，TypeError：unsupported operand type(s) for -：'str' and 'str'不能用字符串和字符串进行减法操作。

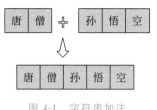

图 4-1　字符串加法

另外，类似于这样的多个字符串相加或者字符串变量与字符串之间的加法也是允许的。

```
>>> tang = '唐僧'
>>> tang + '善良'
'唐僧善良'
>>> '我' + '也' + '善良'
'我也善良'
```

除了加减法之外，字符串的乘除操作我们也尝试一下。

```
>>> tang * sun              #字符串与字符串相乘
Traceback (most recent call last):
  File "<pyshell#12>", line 1, in <module>
     tang * sun
TypeError: can't multiply sequence by non-int of type 'str'
>>> tang * 4               #字符串与整数相乘
'唐僧唐僧唐僧唐僧'
```

字符串与字符串相乘在现实中是没有意义的，所以当我们尝试用字符串与字符串相乘时并不能正确输出，Python 会报错。但是字符串与整数相乘是有意义的，所以当我们使用整数与字符串相乘的时候得到的结果是对字符串的多份拼接，如图 4-2 所示。有了这个功能我们就可以输出一些比较烦琐且重复性较高的数据了！例如：

```
>>> print('=' * 20)
====================
>>> print('abcd' * 10)
abcdabcdabcdabcdabcdabcdabcdabcdabcdabcd
```

唐僧 ×4 = 唐僧唐僧唐僧唐僧

图 4-2　字符串相乘

聪明的你一定能够想到，字符串也不能使用除法进行操作！

```
>>> tang = '唐僧'
>>> sun = '孙悟空'
>>> tang / sun
Traceback (most recent call last):
  File "< pyshell#18 >", line 1, in < module >
    tang / sun
TypeError: unsupported operand type(s) for /: 'str' and 'str'
>>> tang / 2
Traceback (most recent call last):
  File "< pyshell#19 >", line 1, in < module >
    tang / 2
TypeError: unsupported operand type(s) for /: 'str' and 'int'
```

与减法类似，/运算符不能作用于字符串与字符串之间，或者字符串与其他类型之间。

所以，加减乘除运算中，只有加法和乘法这两个运算符是支持字符串的，其中，加法运算符的意义是对多个字符串进行拼接并生成一个新的字符串。而乘法运算符只能够作用于字符串与整数之间，相当于把字符串复制 n 份后再拼接起来，可以实现重复文本的快速生成。通过索引获取字符。

假如我们现在有一个字符串：

```
>>> string1 = 'abcdefghijk'
```

如果想要获取到字符串中的第 4 个字符怎么办？字符串是由许多的字符按顺序组成的，所以我们可以按照它们排队顺序的先后来找到它们。但是要注意的是，在计算机中的排队跟现实中的排队有点儿不一样，在计算机中排在第一个的序号是 0，而第二个的序号是 1，是不是有点儿不一样？没有关系，时间长了就会得心应手的。那么我们要取第 4 个字符的话就只需要找到字符串中的索引是 3 的那个字符就好。具体的使用方法就是在字符串变量的名称后面使用中括号，然后在中括号里面写上索引值就可以了。

索引是指字符在字符串中的位置,从 0 开始,如图 4-3 所示。

```
>>> string1[3]
'd'
>>> string1[0]
'a'
```

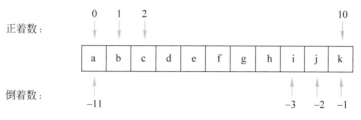

图 4-3　字符串索引

如果这个"队伍"很长,而我们只想要获取队伍的最后一个字符怎么办?难道要挨个数是第几个吗?当然不是!我们有很多种办法可以做到,这里就介绍一种最常见的办法,那就是,从后往前数!比如你要获取倒数第 1 个字符,就可以使用:

```
>>> string1[-1]
'k'
>>> string1[-2]
'j'
```

4.1.3　切片获取字符串中的一段

很多时候可能不仅需要获取字符串中的一个字符,而是字符串中的一段连续的字符,比如"姓名:唐僧"中我们需要截取"唐僧"这一段,可能有读者就说了:那还不简单,直接使用。

```
>>> string2 = '姓名:唐僧'
>>> string2[3] + string2[4]
'唐僧'
```

很聪明哦!使用索引和加法当然可以,但是有些时候就不太适用,例如:

```
>>> string2 = '姓名:奥斯特洛夫斯基'
```

这个时候可能就不是那么好做了,你需要使用:

```
>>> string2[3] + string2[4] + string2[5] + string2[6] + string2[7] + string2[8]
 + string2[9]
'奥斯特洛夫斯基'
```

尽管最后的结果是对的,但是你可能并没有那么开心了,实在是太烦琐了,所以我们需要更加省时间的方法,例如:

```
>>> string2[3:10]
'奥斯特洛夫斯基'
```

在之前使用的中括号中加入一个冒号(:),冒号前面的数字代表所截取的字符串的起始位置,"奥斯特洛夫斯基"的起始位置是3,冒号后面是所截取的字符串的最后一个字符的后面一个位置,"基"的位置是9,所以冒号后面是10。也就是说,这是个区间,不包含冒号后面的索引值所在位置的字符,如图4-4所示。

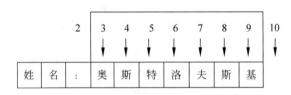

图4-4 字符串截取

那么对于有些非固定长度的字符串又应该怎么处理? 比如要处理下面三个字符串:

```
>>> testStr1 = '姓名:唐僧'
>>> testStr2 = '姓名:孙悟空'
>>> testStr3 = '姓名:如来佛祖'
```

我们有没有办法能够使用一个处理方法处理这三个字符串? 起始位置是一样的,都是3,结束位置虽然不同,但都在字符串的最后结束。哦! 我想到了,用-1可以表示最后一个字符,我们可以尝试一下这样操作:

```
>>> testStr1[3:-1]
'唐'
```

好像不太对，-1虽然可以表示最后一个字符，但是这个区间是左闭右开的区间，并不包含最后一个字符。

没关系，我们还有办法，在使用过程中，可以省略前面或者后面的索引，即省略前面的索引表示从开头开始，省略后面的索引表示截取到结尾。如果两个都省去，只保留一个冒号的话，代表截取整个字符串。

```
>>> testStr1[:3]
'姓名：'
>>> testStr2[3:]
'孙悟空'
>>> testStr3[3:]
'如来佛祖'
```

4.1.4 字符串进阶操作

学习了上面的基础操作之后，并不能够发挥出字符串的强大能力，为了应对实际问题，现在要学习字符串的一些进阶操作。字符串拥有很多方法来帮助我们对字符串进行操作，这也是以后的学习生活中经常用到的，并不要求初学者能够全部熟练使用，只要求熟练掌握个别常用的，其余的在使用过程中需要时查阅即可。毕竟人脑是有限的，而知识是无限的！下面就是一些常用的字符串操作。

（1）len(string)：返回这个字符串的长度。

```
>>> string2 = "I am a good boy"
>>> len(string2)
15
```

（2）max(string)、min(string)：分别返回字符串中的最大字母和最小字母。

```
>>> string2 = "students"
>>> print(max(string2), min(string2))
u d
```

(3) string.find('str')：在字符串中查找 str 并返回子串第一个字母的索引。在查找的过程中，如果字符串（string）里面有两个位置都跟所要查找的字符串（str）相匹配的话，返回的是第一个匹配的位置。

```
>>> string2 = "I am a good boy"
>>> string2.find('boy')
12
>>> string3 = "I am a good boy, he is a good boy too"
>>> string3.find('boy')
12
```

(4) string.replace('old','new')：返回 string 中将 old 换成 new 后的字符串，字符串本身并不发生改变。如果想要把修改后字符串本身也发生变化的话，就需要把返回值重新赋值给字符串。

```
>>> string2 = "I am a good boy"
>>> string2.replace('boy','student')
'I am a good student'              #替换后的结果
>>> string2
'I am a good boy'                 #本身并没有发生改变

#把返回值赋值给源字符串
>>> string2 = string2.replace('boy', 'student')
>>> print(string2)
I am a good student
```

(5) string.upper()：将字符串中的每一个字符都转换成大写并返回，字符串本身不会发生改变。如果想要让修改后的字符串本身也发生变化的话，就需要把返回值重新赋值给字符串。（同上。）

```
>>> string2 = "I am a good boy"
>>> string2.upper()
'I AM A GOOD BOY'
>>> string2
'I am a good boy'              #本身并没有发生改变
```

（6）string.split('str')：就像是个菜刀一样，将字符串分成多段，然后放在一个列表中返回。括号里面是参数，表示从何处开刀，比如下面的例子中的参数就是空格（' '）。同时，空格也是这个方法的默认参数，如果括号中的参数为空就会以空格作为参数。

```
>>> string2 = "I am a good boy"
>>> string2.split(' ')
['I', 'am', 'a', 'good', 'boy']
>>> string2.split()
['I', 'am', 'a', 'good', 'boy']
```

可以看到，经过 split 操作后，原本的字符串变成了五个字符串，同时被放到了一个中括号里面用逗号隔开，这就是列表的表示形式。

【知识拓展】　列表是什么？别着急，咱们说完字符串就去说列表。

4.1.5　转义字符串

前面已经大致介绍了转义字符串的原理，这一节将会详细介绍转义字符串，它们有什么用呢？

转义字符的表示方式是使用'\'跟其他字符组合来表示特殊的含义，其具体的用途有以下两种。

1. 用来表示有特殊含义的字符

很多字符在 Python 语言中具有特殊的含义，例如，单引号或双引号就可以表示一个字符串，所以当字符串本身出现单引号或双引号的时候，转义字符就派上用场了。我们可以在字符串中使用\'来表示单引号，使用\"来表示双引号。与此同时，反斜杠本身就是一个特殊字符，那要怎样表示反斜杠自身呢？解决的方法是使用两个反斜杠来表示反斜杠本身\\。

```
>>> print('单引号这样表示：\'')
单引号这样表示：'
>>> print('双引号这样表示：\"')
双引号这样表示："
>>> print('反斜杠这样表示：\\')
反斜杠这样表示：\
```

2. 用来表示特殊的含义

要说转义字符适用范围最大的应该就是换行转义了,使用一个\n 可以轻松地把要输出的字符串换行显示;使用一次\n 就相当于按下了一个换行键。除此之外,还有一个比较著名的转义字符\t,这个转义字符的意义就相当于按下了一个 Tab 键。

```
>>> print('在这后面换行\n 这里就是第二行了')
在这后面换行
这里就是第二行了
>>> print('制表符\t 略略略')
制表符    略略略
```

其余的转义字符还有很多,如表 4-1 所示,但是由于不经常使用,所以了解一下就好了!

表 4-1　其他转义字符

转义字符	描　　述	转义字符	描　　述
\a	响铃,计算机会"哔"一声	\r	回车
\b	退格(BackSpace)	\f	换页
\v	纵向制表符		

 **4.2　列表**

在学习列表之前,想一想我们的任务是什么?

现在有一个名单:唐僧,孙悟空,猪八戒,沙僧。需要把他们的名字存到 Python 中,怎么处理呢?

到目前为止,我们已经学会了如何把他们的名字保存到 Python 中,并且已经有了一些基础的字符串的操作。现在我们的代码清单是这样的:

```
>>> #代码清单
>>> tang = '唐僧'
>>> sun = '孙悟空'
```

```
>>> zhu = '猪八戒'
>>> sha = '沙僧'
```

但是他们四个人是一个团队，应该放在一个变量里面，能不能把这四个字符串存到一个变量里面呢？答案是肯定的，也就是我们即将学习的列表。

4.2.1　什么是列表

列表就像是现实中排好序的一串表格一样，现实中的表格是在纸上面，我们把一个个项目写到表格里面。

在 Python 语言中的列表也是如此，我们可以向列表里面添加元素或者删除元素等，列表在 Python 中的表示方法是把多个元素放到方括号里面，每个元素之间用逗号隔开。

```
>>> team = ['唐僧','孙悟空','猪八戒','沙僧']
>>> print(team)
['唐僧', '孙悟空', '猪八戒', '沙僧']
```

在 Python 中，并不会限定一个列表中只能有一种数据，可以同时在一个列表中存在多种类型的元素，比如一个列表中的元素可以是数值和字符串，甚至在列表中还可以存在列表。

```
>>> #列表中可以存在整型数据和字符串,变量也可以作为列表的元素进行存储。
>>> a = 2018
>>> list = ['Python', 2019, a]
>>> print(list)
['Python', 2019, 2018]
>>> #列表也可以作为列表类型的元素
>>> team = ['唐僧', ['孙悟空','猪八戒', '沙僧']]
>>> print(team)
['唐僧', ['孙悟空', '猪八戒', '沙僧']]
```

在示例中可以看到，将三个徒弟封装成一个列表依然可以作为一个元素与师父"唐僧"一起组成一个 team 列表，体现了 Python 在数据处理方面极大的便利性。要知道，在 C 语言中，进行这样一个嵌套操作是非常复杂的。同时，我们可以直接使用四个变量创建列表,所以我们要更新一下代码清单了。

```
>>> #代码清单
>>> tang = '唐僧'
>>> sun = '孙悟空'
>>> zhu = '猪八戒'
>>> sha = '沙僧'
>>> team = [tang, sun, zhu, sha]
>>> print(team)
['唐僧', '孙悟空', '猪八戒', '沙僧']
```

4.2.2 访问列表的元素

通过上面的学习,大家肯定已经学会如何创建一个列表了,但是创建列表的目的应该是使用,所以我们又应该怎样使用列表里面的数据呢?方法其实有很多。

1. 通过索引

回想一下,字符串是很多个字符元素的整体,我们是通过在字符串变量后面加上中括号和索引进行访问的,就像是用 string[1] 就可以访问字符串的第二个字符了。举一反三,列表是很多个元素的整体,是不是也可以用中括号和索引进行访问呢?当然可以。当我们访问列表中的元素时,一样是使用中括号加索引的形式访问列表中的元素。不过要记得,元素的索引起始位置是 0。

```
>>> #前面赋值操作略
>>> team = [tang, sun, zhu, sha]
>>> print(team[0])
唐僧
>>> print(team[3])
沙僧
>>> print(team[4])
Traceback (most recent call last):
  File "<stdin>", line 1, in <module>
IndexError: list index out of range
```

与字符串的操作一样,要记得索引值不要超过列表的最大范围,否则会提示 IndexError: list index out of range(索引错误:列表的索引超过范围)。这里 team 中只有四个元素，如图 4-5 所示，当尝试访问第五个元素 team[4]时，就会出现上述代码所示的错误。

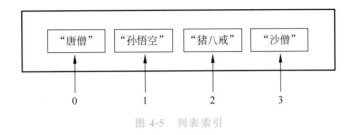

图 4-5　列表索引

注意这里！我们可以通过索引获得列表中的元素的值，但是如果列表的元素就是个列表呢？就好比上面我们所列举的那个例子：

```
>>> team = ['唐僧', ['孙悟空','猪八戒', '沙僧']]
```

这是一个嵌套的列表，如果我们使用 team[1]获得的是列表的第二个元素，也就是列表['孙悟空','猪八戒','沙僧']。也就是说，team[1]是一个列表变量，既然是个列表，我们就可以使用访问列表的方法来访问元素，所以我们可以在 team[1]后面使用中括号以及索引值访问 team[1]中的元素。参考下面的示例理解一下。

```
>>> team = ['唐僧', ['孙悟空','猪八戒', '沙僧']]
>>> team2 = team[1]
>>> print(team2[0])
孙悟空
>>> print(team[1][0])
孙悟空
```

继续头脑风暴一下，我们使用 team[1][0]所获得的是一个字符串，那么我们可不可以使用访问字符串中字符的方法来访问 team[1][0]里面的字符呢？答案当然是可以的，如图 4-6 所示。

```
>>> team = ['唐僧', ['孙悟空','猪八戒', '沙僧']]
>>> print(team[1][0])
孙悟空
>>> print(team[1][0][0])
孙
```

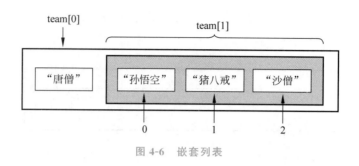

图 4-6　嵌套列表

总结：数据是非常灵活的，只要我们的处理方法得当，就可以随心地操纵我们的数据。列表中的每一个元素都是一种数据，都有着自己本身的性质，所以当我们通过一定的方法访问到这个数据的时候，可以把访问的结果当成一个普通的数据来使用。想要成为编程方面的人才，对这些基础数据的处理是一定要掌握得滚瓜烂熟的。

2. 列表切片

列表中同样存在着切片操作，切片操作有时候也叫作冒号操作，因为其使用方式就是中括号与冒号的结合，使用方法与字符串的切片操作完全一致。冒号的前面一个数字表示切片的起始位置，包含此位置的元素；冒号的后面一个数字表示切片的结束位置，不包含此位置的元素；如果前面的数字省去，表示从开头位置开始截取；如果后面的数字省去，表示截取到末尾元素；数字可以是负数，－1 表示倒数第一个元素。下面通过几个示例让你对切片操作有个更深刻的了解。

```
>>> #前面赋值操作略
>>> team = [tang, sun, zhu, sha]
>>> print(team[1:3])
['孙悟空', '猪八戒']
>>> print(team[1:])
['孙悟空', '猪八戒', '沙僧']
>>> print(team[1:-1])
['孙悟空', '猪八戒']
>>> print(team[:-1])
['唐僧', '孙悟空', '猪八戒']
>>> print(team[:])
['唐僧', '孙悟空', '猪八戒', '沙僧']
```

【知识拓展】　不知道大家有没有注意到一个有趣的事情，在 Python 中，0 表示第一个元素，1 表示第二个元素，这个大家都知道，但是为什么－1 就是表示最后一个元素呢？其实这里的数字的深层意义是指该元素到第一个元素的距离,第一个元素和第一个元素的距离是 0,所以 0 就表示第一个元素,第二个元素与第一个元素的距离是 1,所以 1 就表示第二个元素了,同理,最后一个元素与第一个元素的距离有两种表示:一种是正着数,应该是长度减 1 的值;另一种是倒着数,两者的距离是 −1。

4.2.3　列表的运算

列表作为常见的一种数据类型,也同样具有一些基本的运算。

1. 拼接(加法)

列表支持加法,加法的运算结果是一个新的列表,是两个列表的元素之和,所以一般情况下都习惯于称呼其为拼接,如图 4-7 所示。

```
>>> team_a = ["唐僧"]
>>> team_b = ["孙悟空", "猪八戒", "沙僧"]
>>> team = team_a + team_b
>>> print(team)
['唐僧', '孙悟空', '猪八戒', '沙僧']
```

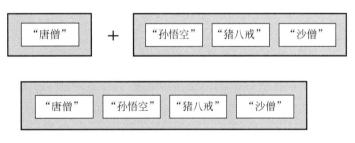

图 4-7　列表拼接

但是要注意到的是,我们不可以把一个列表和其他类型的数据进行加法操作,当尝试使用列表与其他数据类型相加时,会出现语法错误。

```
>>> team = team + "白龙马"
Traceback (most recent call last):
  File "<pyshell#10>", line 1, in <module>
    team = team + "白龙马"
TypeError: can only concatenate list (not "str") to list
```

2. 复制（乘法）

列表也与字符串一样存在着复制操作，形式上类似于数值的乘法。列表的乘法也只能够与整数相乘才能产生复制的效果。日常使用中，这是快速初始化一个列表的好办法，比如创建一个长度为 10 的所有元素的值都是 0 的列表就可以通过下面的操作完成，如图 4-8 所示。

```
>>> inited_list = [0] * 10
>>> print(inited_list)
[0, 0, 0, 0, 0, 0, 0, 0, 0, 0]
```

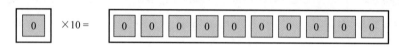

图 4-8　列表复制

4.2.4　列表的基础操作

1. 修改元素

如果想要修改列表中的某个元素的值应该怎么做？

类比联想：如果想要修改一个变量的值最简单的办法就是重新给这个变量赋值，那么修改元素又该如何做呢？

我们可以通过给元素重新赋值的方法来修改列表中的元素，首先需要通过索引获取你要修改的元素，然后直接对其赋值即可，如图 4-9 所示。

```
>>> tang = '唐僧'
>>> sun = '孙悟空'
>>> zhu = '猪八戒'
>>> sha = '沙僧'
>>> team = [tang, sun, zhu, sha]
>>> team[0] = '唐三藏'
>>> print(team)
['唐三藏', '孙悟空', '猪八戒', '沙僧']
>>> team[-1] = '沙悟净'
>>> print(team)
['唐三藏', '孙悟空', '猪八戒', '沙悟净']
```

图 4-9 修改列表元素

经过对列表中的元素进行重新赋值之后,输出列表可以看到列表中的元素的值已经更新为我们重新赋的值了。很简单!

头脑风暴:如果在使用变量创建完列表后修改变量 zhu,team 列表里面的元素会不会随着 zhu 的修改而发生变化? 自己尝试一下!

2. 添加元素

在《西游记》中,一开始的取经人只有唐僧一个人,到了后来才有了这个四个人的队伍,所以队伍中的元素并不是一开始就是四个的,而是可以一个一个添加进去的,那我们应该怎样向列表中添加我们想要添加的元素呢? 我们有三个方法为我们的列表添加新的元素。

1) 使用 list.append(elem)添加一个列表元素

使用列表的 append()方法可以在列表的末尾添加一个元素。不过这个方法的局限性就在于只能在列表的末尾添加元素,并不能够指定位置添加元素,如图 4-10 所示。现在先创建一个空的列表,直接给 team 赋值为一个空的列表即可,然后使用 append 向里面添加第一个成员:唐僧。

```
>>> team = []
>>> team.append('唐僧')          ♯添加唐僧
>>> print(team)
['唐僧']
>>> team.append('孙悟空')        ♯添加孙悟空
>>> print(team)
['唐僧', '孙悟空']
```

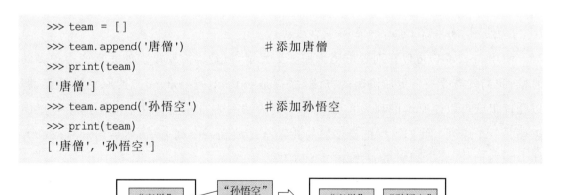

图 4-10 append()方法

2）使用 list. insert(index,elem)在指定位置添加元素

append 虽然好用,但是只能在列表的末尾添加元素,并不能够在指定的位置添加元素,所以就需要使用 insert()在指定的位置添加元素了。insert()共有两个参数,第一个参数是要添加元素的位置,从 0 开始,第二个参数是要插入的元素。先看以下示例!

```
>>> team = ['孙悟空']
>>> team.insert(0, '唐僧')
>>> print(team)
['唐僧', '孙悟空']
```

原本的 team 列表里面只有"孙悟空"一个元素,要是想把"唐僧"也添加到里面的话,用 append()就不太合适了,要把师父的名字放在最前面,所以可以使用 insert()方法向列表里面的 0 号位置添加"唐僧",添加之后,原本的 0 号位置就被"唐僧"占用,其他元素依次向后移动,如图 4-11 所示。

```
>>> print(team[0], team[1])
唐僧 孙悟空
```

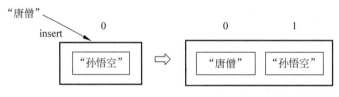

图 4-11　insert()方法

3）使用 list. extend(seq)添加多个元素

使用 append()可以在列表末尾添加一个元素,但是当需要添加的元素变得很多的时候,我们就需要一个更加快速的方法,那就是 extend()。extend()的原意是扩张,所以在这里就可以使原本的列表扩张成一个更大的列表。注意! 这个方法的括号里面需要是一个序列。我们可以把要添加的元素全部放到一个列表里,然后用 extend()方法一起添加到 team 列表里面,如图 4-12 所示。

```
>>> team.extend(['猪八戒','沙僧'])          ♯示例里面是一个列表
>>> print(team)
['唐僧', '孙悟空', '猪八戒', '沙僧']
```

这里的 extend()的括号里面是一个序列,也就是不仅可以是列表,也可以是后面要学到的元组以及集合。

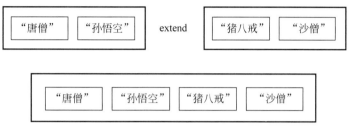

图 4-12　extend()方法

3. 删除元素

既然可以添加元素,就一定有删除元素的方法。唐僧一路西行,收了三个徒弟,西行取经队伍也变得更加壮大。但是,矛盾是难免的,在孙悟空三打白骨精之后,看不到事实的唐僧一气之下将孙悟空赶出西天取经的队伍。所以,我们现在需要将 team 里面孙悟空的名字删除,可是这又要怎么做呢?

1) 使用 list.pop()删除元素

Python 中使用 pop()可以删除元素,直接使用 pop()可以删除列表的最后一个元素,使用方法就是在列表的后面直接加上.pop()就可以删除最后一个元素,如图 4-13所示。

```
>>> #前面赋值操作略
>>> team = [tang, sun, zhu, sha]
>>> team.pop()
'沙僧'
>>> print(team)
['唐僧', '孙悟空', '猪八戒']
```

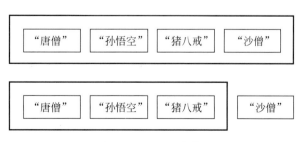

图 4-13　pop()方法

但是,我们要删除的元素是"孙悟空",这样一来只能够删除最后一个元素,"沙僧"就很委屈了。不着急,其实 pop()跟 append()所不一样的是,这里的 pop()方法是可以带参数的,也就是说,我们可以在 pop()里面加上个参数来表示要删除的元素的位置,比如我们可以使用 team. pop(1)删除列表中的第二个元素,来看示例,如图 4-14 所示。

```
>>> #前面赋值操作略
>>> team = [tang, sun, zhu, sha]
>>> team.pop(1)
'孙悟空'
>>> print(team)
['唐僧', '猪八戒', '沙僧']
```

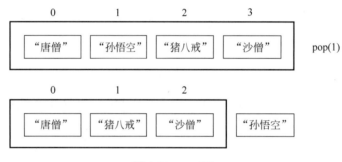

图 4-14 pop(1)

这样我们就可以精准地把"孙悟空"从队伍中移除了。pop 使用起来是不是比 append()方便很多?所以 pop()是我们操作列表时最经常使用的一个方法之一。

2)使用 del 命令删除元素

除了使用列表内置的 pop()方法之外,Python 语言中还有一个命令可以删除元素:del。del 是 delete(删除)的缩写,作用就是删除,所以我们可以直接使用 del 命令删除列表中已经存在的数据,如图 4-15 所示。

```
>>> #前面赋值操作略
>>> team = [tang, sun, zhu, sha]
>>> del team[1]
>>> print(team)
['唐僧', '猪八戒', '沙僧']
```

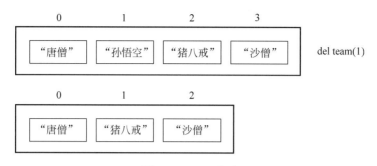

图 4-15 del()方法

除了删除单一元素之外,也可以结合之前所学过的切片操作进行批量删除。回忆一下,我们可以通过 team[1:]来获取除了第一个元素之后的所有元素,所以要实现删除除了"唐僧"之外的所有元素应该怎么操作? 看示例吧!

```
>>> #前面赋值操作略
>>> team = [tang, sun, zhu, sha]
>>> del team[1:]
>>> print(team)
['唐僧']
```

很好,使用 del 我们可以帮"唐长老"清理队伍啦!

del 的用法不仅是删除列表中的元素,实际上 del 是 Python 中的一个删除操作,可以用来删除一个变量。同样地,我们可以删除其他类型的变量,甚至是整个列表。

3)使用 list.remove(ele)删除一个元素

pop()虽然很方便很好用,但是也有一个缺点,很多时候,我们并不能够准确地记得某个元素的具体位置,只知道这个元素是什么。例如,如果我们想要把"猪八戒"踢出队伍,但是又忘记了他在列表中的位置了,万一记错了,就删除另外一个元素了,所以这个时候 pop()就没有那么好用了。列表中的另一个方法 remove()就可以很好地解决这个问题,当你想删除某个元素 ele 时,只需要使用 list.remove(ele),Python 就会自动搜索列表中与之相匹配的第一个元素,并将其删除。注意,这里只删除与之匹配的第一个元素,如果列表中含有多个与待删除元素匹配的元素,仅会删除第一个。

```
>>> #前面赋值操作略
>>> team = [tang, sun, zhu, sha]
```

```
>>> team.remove('猪八戒')
>>> print(team)
['唐僧', '孙悟空', '沙僧']
>>> team.remove('白龙马')
Traceback (most recent call last):
   File "<stdin>", line 1, in <module>
ValueError: list.remove(x): x not in list
```

当待删除元素不存在于列表中时,会报错 ValueError:list.remove(x):x not in list。

4)使用 list.clear()清空列表

一种更加极端的情况是,如果想要删除所有元素怎么办?用 for 循环可以实现。

```
>>> for i in range(len(team)):      ♯使用 len(team) 可以获取列表 team 的长度
       team.pop()

'沙僧'
'猪八戒'
'孙悟空'
'唐僧'
>>> print(team)
[]
```

但是 Python 内置了一个方法 clear()可以直接清空列表而不删除该列表。

```
>>> ♯前面赋值操作略
>>> team = [tang, sun, zhu, sha]
>>> team.clear()
>>> print(team)
[]
```

【知识拓展】 删除列表中的所有元素和删除该列表并不是一个概念,删除列表中的所有元素意味着执行操作后列表变成了一个空的列表,而列表本身还存在,只是列表中没有元素。删除列表则意味着列表将直接删除。例如,使用 del team 就会删除该列表,列表 team 就不存在了,当再次使用 team 变量时会发生错误,可以自己尝试一下。

4.2.5　列表的进阶操作

同字符串一样,列表也有很多的操作,上面在介绍修改、添加和删除元素时所用到的方法就是列表内置的一些方法。这一节就从一些常用的方法入手,学会灵活地使用列表操作。本节涉及的知识点比较多,但是不必慌张,都很简单,稍加练习就能够熟练地掌握。

(1) len(list):返回列表的长度,这一点与字符串类似。

```
>>> list = [1, 2, 3, '4', '5']
>>> print(len(list))
5
```

在这个例子中注意前面的 1,2,3 的数据类型是整型,也就是代表整数 1,2,3,而后面的 '4'、'5' 的数据类型是字符串,分别代表着两个字符串。

(2) max(list)、min(list):返回列表中的最大值和最小值。

```
>>> list = [67, 89, 56, 16, 78, 90, 37]
>>> print(max(list), min(list))
90 16
```

(3) list.reverse():列表的逆置操作,无返回值,使用这个方法后,列表中的所有元素的顺序会颠倒。

```
>>> team = ['唐僧', '孙悟空', '猪八戒', '沙僧']
>>> team.reverse()
>>> print(team)
['沙僧', '猪八戒', '孙悟空', '唐僧']
```

(4) list.copy():复制列表,返回一个与原列表一样的列表。

```
>>> list = ['唐僧', '孙悟空', '猪八戒', '沙僧']
>>> list_cp = list.copy()
>>> print(list_cp)
 ['唐僧', '孙悟空', '猪八戒', '沙僧']
```

这里有一个疑问,要是复制的话,为什么不能直接使用 list2＝list1 呢? 不是更加方便一点儿吗? 下面通过一个示例说明。

```
>>> list1 = ['table', 'chair', 'bed']        # 原列表
>>> list2 = list1.copy()                      # 通过 copy() 方法获得的列表
>>> list3 = list1                             # 通过赋值操作获得的列表
>>> print(list2)
['table', 'chair', 'bed']
>>> print(list3)
['table', 'chair', 'bed']
```

在上面的例子中看起来并没有任何的不同,通过赋值操作与复制操作所获得的字符串并没有什么区别。但是当我们修改了原始字符串 list1 之后就会发现这里面的区别。

```
>>> list1.pop()                               # 删除 list1 中的一个元素
'bed'
>>> print(list2)
['table', 'chair', 'bed']
>>> print(list3)
['table', 'chair']
```

神奇的事情发生了,在删除 list1 中的一个元素之后,list2 并没有发生变化,而 list3 的值却跟着 list1 一起发生了改变。也就是说,list3＝list1 这个语句并没有把 list1 复制一份,而是将源列表的地址赋给了 list3,这样 list3 就拥有了列表的使用权,但是当源列表发生变化时,list3 也就发生了相应的变化,如图 4-16 所示。

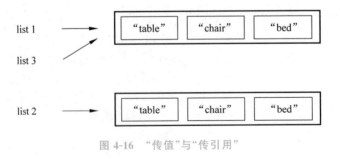

图 4-16 "传值"与"传引用"

举一个相近的例子：列表可以比喻成一个房子，房子里面的东西就是元素，list2＝list1.copy()相当于是魔法，变出了一个一模一样的房子，包括里面的东西都跟之前的那个房子一样，无论两个房子怎样折腾，都不会影响另外一个。而 list3＝list1 就相当于 list1 把房间的钥匙交给了 list3 一份，list1 和 list3 共同使用一个房子，当 list1 扔掉房子里面的床之后，list3 也没有办法找到那张床了。

在 Python 以及其他的编程语言中都存在着传值与传引用的区别。在使用"＝"运算符时，字符串等具有序列属性的数据结构都采用传引用(给钥匙)的方法，即当使用赋值运算符时传递给另外一个变量的是地址，并不是变量的值。而一些基础的数据类型比如整型的数据就是采用传值(变房子)的方法。具体的更深层次的内部原理可以在学到更高的层次后再详细了解。

(5) list.sort()：把列表中的元素从小到大排好。

```
>>> list = [67, 89, 56, 16, 78, 90, 37]
>>> list.sort()
>>> print(list)
[16, 37, 56, 67, 78, 89, 90]
```

如果想要把列表中的元素按照从大到小的顺序排列，就要在括号中加"reverse ＝ True"。

```
>>> list = [67, 89, 56, 16, 78, 90, 37]
>>> list.sort(reverse = True)
>>> print(list)
[90, 89, 78, 67, 56, 37, 16]
```

小提示：Python 中的 True 的首字母是要大写的。

4.3　元组

前两节花费了很长的篇幅来介绍列表，是因为列表是序列数据类型中比较有代表性的一个，其余的序列类数据类型都与列表有很多相近之处。例如，这一节要介绍的元组(tuple)。

4.3.1　元组是什么

元组的英文是 tuple,元组与列表很相似,以至于经常称呼它们两个为兄弟。外观上有所不同的就是,列表使用中括号[]来表示,而元组使用小括号()来表示。

```
>>> tuple_team = ('唐僧', '孙悟空', '猪八戒', '沙僧')
>>> print(tuple_team)
('唐僧', '孙悟空', '猪八戒', '沙僧')
```

既然长得这么像,一定在其他的地方有不一样的地方。列表的性格比较活泼,能够随机应变;而元组就比较古板了,不愿意改变自己。所以与列表的最大的一个不同就是存储在元组里面的元素是不能修改的,当一个元组被创建之后,它就不允许再次被修改了,如图 4-17 所示。

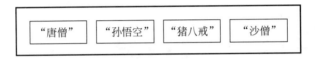

图 4-17　元组

元组里面的元素不能够发生改变是元组的一个最大的特点,当试图改变元组内的元素时 Python 就会报错。

```
>>> tuple_team = ('唐僧', '孙悟空', '猪八戒', '沙僧')
>>> tuple_team[1] = '六耳猕猴'
Traceback (most recent call last):
  File "<stdin>", line 1, in <module>
TypeError: 'tuple' object does not support item assignment
```

在深入了解元组之前先思考这样一个问题:元组使用括号括起来,而括号又是一个运算符,表示运算的先后顺序,它们之间会不会有什么冲突呢?看下面一个示例。

```
>>> test = (1)
>>> print(test)
1
>>> print(type(test))
<class 'int'>
```

type(test)可以查看变量 test 的类型。

示例中我们想要采用小括号给一个元组赋值，但是并没有得到我们想要的结果，赋值完成后我们发现只是输出一个 1。这时，我们通过 type(test)查看变量 test 的类型，结果发现，它的类型是 int 型，是一个整数。所以用这种方式初始化一个元组时要注意，当元组中只有一个元素时，Python 并不能够分辨出这里的括号是运算符还是初始化元组。当使用这种方式初始化只有一个元素的元组时可以在元素后面加上一个逗号，这样就不会有歧义了。

```
>>> test = (1,)
>>> print(type(test))
<class 'tuple'>
```

4.3.2　访问元组的元素

元组就相当于元素不能够修改的列表，所以列表的很多操作只要不涉及修改元素对元组都适用，比如常用的通过索引访问元素，或者通过切片操作获取列表的部分元素。但是需要注意的是，字符串的切片操作后获取的是一个字符串，列表的切片操作后是获取一个列表，所以，元组的切片操作获取的是一个元组。

```
>>> tuple_team = ('唐僧', '孙悟空', '猪八戒', '沙僧')
>>> print(tuple_team[1]) #通过索引
孙悟空
>>> print(tuple_team[-1])
沙僧
>>> print(tuple_team[1:5]) #切片操作
('孙悟空', '猪八戒', '沙僧') #依然是一个元组
>>> print(tuple_team[1:])
('孙悟空', '猪八戒', '沙僧')
>>> print(tuple_team[:])
('唐僧', '孙悟空', '猪八戒', '沙僧')
```

通过上面的学习可以了解到，元组里面的元素是不能够发生改变的，但是会不会有例外呢？我们来看一个例子，并且跟着做一下。

```
>>> t = (1, [2, 3, 4])
>>> print(t)
(1, [2, 3, 4])
>>> t[1][1] = 6
>>> print(t)
(1, [2, 6, 4])
```

可以看到,一开始给元组赋值了两个元素,一个是数字 1,一个是列表[2,3,4]。当我们尝试修改列表里面的元素时,可以发现我们已经修改成功了,这是不是与之前所学到的元组的不变性相矛盾呢?这里需要解释一下,这里的元组的实质并没有发生改变,因为这里的列表元素实际上是以地址的形式存储在元组中的,即使列表中的元素发生了改变,但是列表的地址并没有发生改变,所以元组并没有察觉到自己的元素发生了改变,就好比元组手里拿的是钥匙,钥匙所对应的房子发生了改变,但是钥匙还是原来的钥匙。

4.3.3 元组的运算

1. 拼接(加法)

元组不能够改变内部元素的值,但是多个元组可以拼接在一起形成一个新的元组。

```
>>> tupleA = ('唐僧',)
>>> tupleB = ('孙悟空', '猪八戒', '沙僧')
>>> tuple_team = tupleA + tupleB
>>> print(tuple_team)
('唐僧', '孙悟空', '猪八戒', '沙僧')
```

注意 tupleA=('唐僧',),这里有个逗号哦!

2. 复制(乘法)

元组跟列表一样都有分身的能力,用乘法运算符可以快速创建出一个含有多个重复元素的元组。

```
>>> tuple_sun = ('孙悟空',)
>>> tuple = tuple_sun * 4
>>> print(tuple)
('孙悟空', '孙悟空', '孙悟空', '孙悟空')
```

4.3.4　元组的进阶操作

这些进阶操作可以类比列表进行记忆，它们实现的功能都是一致的。比如获取元组长度的方法 len，或者获取元组中最大值、最小值的方法 max()、min()等。

```
>>> tuple = (1, 2, 3, 4, 5)
>>> print(len(tuple))
5
>>> print(max(tuple), min(tuple))
5 1
```

另外有一个可以实现列表与元组间相互转换的操作，通过 list()可以将元组转换为列表。下面给出具体参考示例进行理解。

```
>>> T_a = ('tuple', 1, 2, 3)
>>> T_a = list(T_a)
>>> print(type(T_a))
<class 'list'>
```

除此之外，tuple()方法也可以将一个列表转换为一个元组。具体参考下面的示例进行理解。

```
>>> L_a = ['list', 1, 2, 3]
>>> L_a = tuple(L_a)
>>> print(type(L_a))
<class 'tuple'>
```

4.4　字典

4.4.1　什么是字典

虽然这里所说的字典并不是实际意义上的字典，但它们在功能上面却有着几分相似之处。实际意义上的字典是一个字对应着这个字的解释，我们可以通过这个字找到它的意思；在 Python 中，有一种数据类型叫作字典，字典中元素的数据存储方式很特别，是成对出现的，叫作键值对，形式如 key:value，前面的部分叫作键（key），是用来寻找元素的钥匙，后面的部分叫作值（value），是与前面的键相对的数据。新华字典里面没有两个相同的字，所以 Python 的字典中也不会出现两个一样的键；但是可能会出现两个字的意思是一样的，是别字，所以是允许两个不同的键的值是相同的。

在之前，我们虽然已经能够把师徒四人的名字存进列表里面，但是当我们想要使用的时候就需要知道它们的索引位置才行，这并不是很方便。如果我们跟列表说我们要找师父，列表就能够帮我们找到唐僧就好了。当然，列表本身并不具备这个功能，而这也恰恰就是字典的优点。

我们可以通过下面的方式创建一个字典，字典被两个花括号包裹着，里面的每一个元素都是成对存在的，如图 4-18 所示。

```
>>> team = {'师父':'唐僧', '大徒弟':'孙悟空', '二徒弟':'猪八戒', '三徒弟':'沙僧'}
```

图 4-18　字典的定义

4.4.2　访问字典的元素

前面所学习的三种序列型数据结构都是可以通过中括号加索引值来访问其里面的元素的，那么对于字典来说，是不是也是一样呢？当然是不一样的！

```
>>> team = {'师父':'唐僧', '大徒弟':'孙悟空', '二徒弟':'猪八戒', '三徒弟':'沙僧'}
>>> print(team[1])
Traceback (most recent call last):
  File "<stdin>", line 1, in <module>
KeyError: 1
```

为什么其他的序列型数据都可以，而字典不可以呢？先看一下报错信息：KeyError:1 键错误。这下明白了，字典是通过使用键来获取元素的，所以，当使用

team[1]获取字典里面的元素的时候,字典会把 1 当成字典里面的一个键来寻找元素,当没有找到的时候就会提示键错误。所以正确使用字典的方法是这样的,如图 4-19 所示。

```
>>> team = {'师父':'唐僧', '大徒弟':'孙悟空', '二徒弟':'猪八戒', '三徒弟':'沙僧'}
>>> print(team['师父'])
唐僧
```

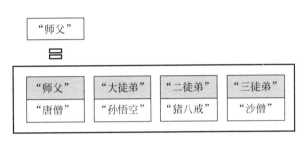

图 4-19　检索字典里的元素

当我们使用中括号的时候,Python 会在字典中找与中括号相匹配的键值对,然后把匹配到的结果输出来,这里也就能再一次解释为什么字典中的键不能够相同了。同样是使用中括号,但是中括号里面就不是使用索引了,而是使用字典特有的键来获取元素。

上面也提到了,当我们尝试访问字典中不存在的键时,Python 并不会返回给我们一个空的值,而是直接报错了。

要知道,如果在一个应用程序里面报错了,这个程序很可能就直接停止运行了,并不利于我们的程序开发。所以,我们可以在访问字典之前看一下字典中是否有这个键,要怎么做呢?很简单,我们可以用前面所学到的 in 操作符,还记得吗?我们来尝试一下。

```
>>> team = {'师父':'唐僧', '大徒弟':'孙悟空', '二徒弟':'猪八戒', '三徒弟':'沙僧'}
>>> if('大徒弟' in team):
    print(team['大徒弟'])
 else:
    print('大徒弟不在队伍里面')


孙悟空
```

```
>>> del team['大徒弟'] #删除操作
>>> if('大徒弟' in team):
    print(team['大徒弟'])
 else:
    print('大徒弟不在队伍里面')

大徒弟不在队伍里面
```

使用 get 获取字典中的元素。

除了使用中括号获取元素之外，Python 还为字典单独提供了一种获取元素的方式：get。与用中括号不同的是，上面使用中括号的方式获取元素时，如果对应的键并不存在，Python 会直接报错并停止运行，但是当使用 get 访问不存在的元素时会返回一个空的值 None。

```
>>> print(team.get('师父'))
唐僧
>>> print(team.get('小徒弟'))
None
```

4.4.3　字典的基础操作

与前面不同的是，对于字典来说是不存在加法运算的，即拼接运算。同样，因为字典中的键不能够重复，所以也不存在复制操作。但是我们可以对字典的元素进行修改、添加、删除等操作。

1. 修改元素
通过直接对字典中的元素赋值就可以对字典中的元素进行修改。

```
>>> team = {'师父':'唐僧', '大徒弟':'孙悟空', '二徒弟':'猪八戒', '三徒弟':'沙僧'}
>>> team['大徒弟'] = '六耳猕猴'
>>> print(team)
{'师父': '唐僧', '大徒弟': '六耳猕猴', '二徒弟': '猪八戒', '三徒弟': '沙僧'}
```

2. 添加元素
使用上面的方法可以对元素进行修改，那么当键不存在的时候会发生什么？会报错吗？

不会！会向字典中添加这个元素。

```
>>> team = {'师父':'唐僧', '大徒弟':'孙悟空', '二徒弟':'猪八戒', '三徒弟':'沙僧'}
>>> team['坐骑'] = '白龙马'
>>> print(team)
{'师父': '唐僧', '大徒弟': '六耳猕猴', '二徒弟': '猪八戒', '三徒弟': '沙僧', '坐骑':
'白龙马'}
```

3. 删除元素

（1）del 指令可以删除字典中的元素。

```
>>> team = {'师父':'唐僧', '大徒弟':'孙悟空', '二徒弟':'猪八戒', '三徒弟':'沙僧'}
>>> del team['大徒弟']
>>> print(team)
{'师父':'唐僧', '二徒弟':'猪八戒', '三徒弟':'沙僧'}
```

（2）pop(key)指令删除给定键 key 所对应的值。

```
>>> team = {'师父':'唐僧', '大徒弟':'孙悟空', '二徒弟':'猪八戒', '三徒弟':'沙僧'}
>>> team.pop("大徒弟")
'孙悟空'
>>> print(team)
{'师父': '唐僧', '二徒弟': '猪八戒', '三徒弟': '沙僧'}
```

（3）使用 popitem()可随机删除一个键值对。

```
>>> team = {'师父':'唐僧', '大徒弟':'孙悟空', '二徒弟':'猪八戒', '三徒弟':'沙僧'}
>>> team.popitem()
('三徒弟', '沙僧')
>>> print(team)
{'师父': '唐僧', '大徒弟': '孙悟空', '二徒弟': '猪八戒'}
```

为什么使用随机删除呢？思考一下，我们访问列表中的元素是通过什么访问的？没错，是索引，是 index，也就是说，列表以及元组里面的值是有序排列的，但是在字典里面我们是通过键访问的，所以在字典里面可以说是没有顺序的。但是由于计算机内部的一些原因,一般情况下随机删除一个键值对时,一般都是直接删除最后一个元素,但是有的时候所删除的就不会是最后一个元素了。

4.4.4 字典的进阶操作

在介绍前面的数据类型时,并没有介绍遍历它们的方法,遍历的意思就是依次访问它们的每一个元素,因为它们的遍历相对比较简单,使用之前所学习到的 for 循环就可以遍历。例如:

```
>>> list = [1, 2, 3, 4, 5, 6, 7]
>>> for item in list:
        print(item)


1
2
3
4
5
6
7
```

但是,如果我们采用同样的方法遍历字典的话,就会是这个样子:

```
>>> team = {'师父': '唐僧', '大徒弟': '孙悟空', '二徒弟': '猪八戒', '三徒弟': '沙僧'}
>>> for item in team:
        print(item)


师父
大徒弟
二徒弟
三徒弟
```

输出的全部是字典中的键,这显然并不是我们想要的,我们想要的是字典里面的值,所以就需要采用其他的方法来遍历。

其实通过.items()可以获取字典中的键值对,然后对应输出就好。下面的示例会讲得很清楚。

```
>>> for (key,value) in team.items():
    print(value)


唐僧
孙悟空
猪八戒
沙僧
```

for (key,value) in team.items()这句就表明从字典中依次取键值对,然后把键赋给前一个变量 key,把值赋给后一个变量 value。然后我们调用 print(value)就可以输出字典中的值。

 4.5 学生成绩信息存储(案例)

以学生的成绩为例,元组中存放学生的成绩,字典中存放单个学生的信息,列表存放录入的所有学生信息,代码及注释如下。

```
students = [] # 列表存放学生信息
while True:
    # 提示用户输入要添加学生的姓名,且输入值赋给变量 name
    name = input("请用户输入要添加学生的姓名:")
    # 提示用户输入要添加学生的学号(注意学号的唯一性),且赋给 student_Id
    student_Id = input("请用户输入要添加学生的学号(学号唯一):")
    # 提示用户输入学生的语文成绩且输入值赋给变量 grade1
    grade1 = input("请用户输入学生的语文成绩:")
```

```
# 提示用户输入学生的数学成绩且输入值赋给变量 grade2
grade2 = input("请用户输入学生的数学成绩:")
# 以元组的形式表示学生的成绩
grade = (grade1, grade2)
# 定义一个标志,0 为学号无重复,1 为学号有重复
flag = 0
# 遍历 students 列表
for temp in students:
# 判断字典中 key 为 id 的 value 是否与输入学号一样
    if temp['id'] == student_Id:
        # 若一样,表示有学号重复
        flag = 1
        break
    # 若序号重复
if flag == 1:
# 提示用户输入的学生学号重复,添加失败
    print("用户输入的学生学号重复,添加失败!重新添加!")
    continue


# 定义一个字典,存放单个学生信息
# 定义 student_information 字典形式
student_information = {}
# student_information 字典的 name 的 value 值为 name
student_information['name'] = name
# student_information 字典的 id 的 value 值为 student_Id
student_information['id'] = student_Id
# student_information 字典的 key 为 grade 的 value 值为 grade
student_information['grade'] = grade
# 单个学生的信息放入列表
students.append(student_information)
# 提示用户添加学生信息成功
print(" --- 用户添加学生信息成功! --- ")
# 将用户的选择赋值给变量 quit_confirm
quit_confirm = input("输入 1 结束添加,其余输入继续添加:")
if quit_confirm == '1':
    print("谢谢使用!") # 退出,提示谢谢使用
    break
print(students) # 输出录入的学生信息
```

运行结果：

请用户输入要添加学生的姓名:张三
请用户输入要添加学生的学号(学号唯一):1033
请用户输入学生的语文成绩:78
请用户输入学生的数学成绩:67
——— 用户添加学生信息成功! ———
输入 1 结束添加,其余输入继续添加:
请用户输入要添加学生的姓名:李四
请用户输入要添加学生的学号(学号唯一):1034
请用户输入学生的语文成绩:34
请用户输入学生的数学成绩:89
——— 用户添加学生信息成功! ———
输入 1 结束添加,其余输入继续添加:1
谢谢使用!
[{'name': '张三', 'id': '1033', 'grade': ('78', '67')}, {'name': '李四', 'id': '1034', '
grade': ('34', '89')}]

【过关斩将】

1. 西游之始

贞观元年(公元 627 年),唐僧远游印度,精心钻研佛教经典。为此观音菩萨关心他的安危,在西游途中安排了三位徒弟保护他。现在,需要你创建一个列表 team,列表中只有"唐僧"一个元素,然后按照《西游记》中的顺序把剩下的三个徒弟(孙悟空、猪八戒、沙僧)添加进去。

2. 骨精之祸

师徒四人结伴而行,前往西天取经,谁知路过白虎岭时遇到白骨精,悟空的火眼金睛一眼就看出来了,并且将其打死,唐僧愚昧,一气之下,将孙悟空赶走。现在,参考第 1 题的结果,使用三种方法将"孙悟空"从列表中删除。

3. 师徒之情

历经磨难,师徒四人的感情已经非常牢固了,不会再有事情能够将四个人的团队打破,即使有六耳猕猴前来捣乱也没能打破师徒四人的情谊。现在,回想元组的性质,将原来的列表转换为元组,并且尝试修改"孙悟空"为"六耳猕猴",观察输出结果,并写出原因。

4. 雷音之境

经过九九八十一难,师徒四人终于抵达西游的尽头:大雷音寺。为此,师徒四人需要向佛祖报上自己的名号，师父唐僧，大徒弟孙悟空，……，那么现在，为了能够给每个人都有一个称谓且不重复，选择一个合适的数据类型来表示现在的队伍，并遍历输出每一个成员。

范例输出：

师父唐僧
大徒弟孙悟空
二徒弟猪八戒
三徒弟沙僧

 小结

这一章学习了很多的内容，如字符串、列表、元组、字典。这四个类型放在同一章里面讲是有原因的，它们有着很多的共同点，例如，它们都具备序列的部分性质，都是一些元素的集合。

字符串是字符的集合，用引号（单引号、双引号、三引号）来表示；列表是各种数据结构的集合，使用中括号来表示；元组与列表的区别是元组里面的元素不能够发生改变；而字典的组成元素是键值对，用大括号来表示。

字符串、列表和元组都是可以使用中括号加索引的形式来获取某个元素，使用中括号和冒号来获取部分元素。字典可以使用中括号加键的方式获取某个键值对的值，也可以使用 get 方法来获取字典中的元素；同时，字符串和列表都可以使用加法进行拼接，也可以乘以整数进行复制。

除此之外，我们还了解到了很多的进阶操作，需要在以后的学习生活中多次使用才能够熟练掌握。

学习完本章，请你在下面的知识点中，在已经学会的知识点前打勾。

□ 字符串的操作
□ 转义字符的使用
□ 列表的操作
□ 元组的操作
□ 字典的操作

## 第5章

灵活的积木

　　大家以前应该都玩过积木,一块块小的正方体、圆柱体、长方体等积木可以搭建成美丽的城堡。我们如果把一段代码包装起来,起个名字,那么这个代码段就像一块块形状各异的积木,有不一样的功能,我们就把这样一段起了名字的代码叫作函数。函数的使用,在 Python 中叫作调用,相当于动手搭积木的过程——找出自己想要的积木的形状,知道函数完成什么样的功能,并放在正确的位置,完成一步积木的搭建。通过多次这样的过程,即可搭建成自己想要完成的东西,即调用不同的函数,拼接、累加完成一段程序。自己动手,丰衣足食。在本章,我们将自己编写函数,做自己想做的事。

【问题来了】

《西游记》中师徒四人在取西经的路上,三位徒弟面临师父被妖怪抓走时,会有不同的举措,怎样做到说出一位徒弟的名字便知道他的举措呢?

回忆《西游记》中孙悟空、猪八戒和沙僧遇到师父被妖怪抓走时,孙悟空会说:"妖怪,快还我师父!";猪八戒说:"师父都让妖怪给吃了,你回你的花果山,我回我的高老庄得了!";而沙僧会说:"师兄,师父被妖怪抓走了!"。那么,怎样使用 Python 语言通过函数实现呢?

5.1 积木的制作——函数定义

在本章之前,其实大家已经多次接触过函数了,如 print() 就是一个函数,但 print() 是一个内置函数。大家常用的一些函数都是内置函数,如求最大值、最小值等。当然也可以私人定制一些函数,实现自己想要的功能,这些函数不是 Python 自身携带的,但我们可以定制出这样的函数。函数的优点是:一旦定义了函数,可以反复使用,无须重复做一样的事情使得代码冗长,让人看了就提不起精神。

5.1.1 什么是函数

在数学的世界里,给定一个集合 A,对 A 进行操作 f,记作 $f(A)$。得到另一个集合 B,也就是 $B = f(A)$,那么这个关系式就叫作函数关系式,简称函数。

在程序的世界里,函数如图 5-1 所示,是一个固定的子程序,它在可以实现固定运算功能的同

图 5-1 函数示意图

时,还带有一个入口和一个出口。入口,就是函数所带的各个参数,我们可以通过这个入口,把函数的参数传入子程序,让计算机进行处理;出口,就是函数的函数值,在计算机操作完成后,将结果返回给调用它的程序进行输出。

在现实生活中,自动面包机就像一个函数,而面粉、酵母、水等原材料作为参数进行输入。原材料经过函数这个面包机就会输出面包这个产物。

这里以 max() 函数为例帮助理解。当求一个列表的最大值的时候使用的是 max

（[3，7，1，6，9]），得到的结果是 9。那么 [3，7，1，6，9] 就是原材料，是函数的入口，而 9 就是出口处的结果，是函数执行之后的结果。

首先，我们了解一下函数长什么样子。函数由 3 部分组成：名称、参数和函数体。函数定义的格式是：

```
def 函数名(参数):
    函数体
```

> **注意**：函数命名规范：尽量保持一致，首字母小写，多个字母的函数名使用下画线分隔；如 add_two_nums()，find_me()等。

如下，def 表示开始定义函数，function 是给函数起的名字，小括号内便是入口，此例入口处无参数进入，冒号下面是函数体，至此，函数的第一行就结束了。第二行的函数体和正常的 Python 语句一样，执行名为 function 函数的功能，此处是将"《西游记》"输出。第三行是对函数的调用，具体函数调用的过程，将在后面为大家讲解。

```
def function():
    print('《西游记》')
function()
```

> **注意**：函数体中的 print 前面有一段空格，函数体的内容要比正常的语句的左边多四个空格符！这就是函数体需要注意的格式问题。

下面我们看一下函数名后面的括号内有无内容（参数）的情况。

【练一练】

用函数的形式打印出"Hello"。

5.1.2　空函数

pass 是 Python 语言提供的一个关键字，执行该语句的时候什么都不做，是一条空语句。在设计模块时，对于一些细节问题或功能在以后需要时再加上的情况下，可以在准备扩充的地方先写上空函数，这样使得程序结构清晰，可读性高，且易于扩充。

如下所示，定义函数名为 empty 的函数，函数体只有 pass，不执行任何操作，这样的函数称为空函数。

```
def empty():
    pass
```

给定两个数,通过定义 compare()函数对这两个数进行比较,若前者比后者大,则不做任何操作,否则进行 error 提示。

```
def compare(a,b):
    if a > b:
        pass
    else:
        print("error")
compare(1,2)
compare(2,1)
```

运行结果:

```
error
```

注意:结果只返回一个 error,第一次调用不满足 1 比 2 大的条件,返回 error,第二次调用,2 比 1 大,满足函数体内第一个 if 判断,执行 pass,无结果返回。

5.1.3 无参函数

对于《西游记》中的师徒四人,想要知道他们不同的举措,首先要将这个团队的名称打印出来,这样才能对应他们的举措。如下,定义一个名为 team()的函数,用来输出《西游记》中的成员名称。

```
def team():
    print("唐僧")
    print("孙悟空")
    print("猪八戒")
    print("沙僧")
team()
```

第一行 def 关键字表明函数定义的开始，定义一个名为 team() 的函数，括号内为空，表明是无参的函数，即不需要输入。冒号下面的 4 行是整个函数体。team() 语句用来调用 team() 函数，调用后输出函数内定义好的"唐僧""孙悟空""猪八戒""沙僧"四个字符串。

观察函数体内的定义，用了四个 print() 函数打印出四行字，这样会显得代码很长且没有技术性，回顾前面的特殊字符"\n"，发现只需要一个 print() 函数，在"唐僧""孙悟空""猪八戒"和"沙僧"的后面加上换行符"\n"，简单的一行代码就可以实现同样的功能，又方便快捷了许多。

```python
def team():
    print("唐僧\n孙悟空\n猪八戒\n沙僧\n")
team()
```

运行结果：

```
唐僧
孙悟空
猪八戒
沙僧
```

如上，如何实现师父被抓走时，直接全部输出孙悟空、猪八戒和沙僧会说的话呢？

```python
def action():
    print('孙悟空："妖怪,快还我师父!"')
    print('猪八戒："师父都让妖怪给吃了,你回你的花果山,我回我的高老庄得了!"')
    print('沙僧："师兄,师父被妖怪抓走了!"')
action()
```

运行结果：

```
孙悟空："妖怪,快还我师父!"
猪八戒："师父都让妖怪给吃了,你回你的花果山,我回我的高老庄得了!"
沙僧："师兄,师父被妖怪抓走了!"
```

如上，函数名为 action() 的无参函数，三句 print() 可直接实现师父被抓时，徒弟们的举措。由于 print()的内容较长,可分三个 print()进行打印,这样显得清楚有序。

至此,我们接触的都是无参函数。函数若无参数,循环也能完成这样的工作,但函数有参数时,一样的函数由于不同的输入会有不同的输出,这可是循环办不到的事情!因此,我们将为大家讲解一下有参数的情况。

【练一练】

在函数体内加一行代码,将"白龙马"加入该团队。

5.1.4 有参函数

每次我们调用上述 team()函数时,只能固定输出"唐僧""孙悟空""猪八戒""沙僧"的名字,但不是所有的 team()都是他们四个人,也可以由我们告诉它团队成员是谁。如下,定义一个名为 team()的函数,参数是 name,输出的也是 name。形参,顾名思义,是一个形式上的参数,当调用函数,实际参数即实参传入函数时,函数体中形参的值都为实参的值。注意,此例中 name 只是个形参,但实际调用时,输入的"唐僧"作为实参才会被输出。此处的函数可以理解为一个模板,谁用就写上谁的 name。

```
def team(name):
    print('% s'% name)
team("唐僧")
```

运行结果:

```
唐僧
```

但有时,不知道参数要写什么样的,可以给参数传入默认值,无实参传入时,便使用默认值。如下,团队成员默认为"唐僧",调用 team(),无实参输入,输出"唐僧"。

```
def team(name = "唐僧"):
    print('% s'% name)
team()
```

运行结果:

```
唐僧
```

提到唐僧就想到孙悟空,如下,调用 team()函数,将"孙悟空"作为实参传入时,默认参数"唐僧"并不影响函数调用。

```
def team(name = "唐僧"):
    print('% s'% name)
team("孙悟空")
```

运行结果:

孙悟空

《西游记》中有一个经典桥段,孙悟空让唐僧待在自己画的保护圈内,避免妖怪袭击。那么圆圈的大小怎么能够改变呢? 用函数试一试吧! 在数学里,一个简单的圆的面积公式 πr^2 就能解决这个问题,只需要知道半径 r 就可以根据面积公式计算得出面积。如下,定义一个 circle()函数,半径 r 作为参数,由于 r 不同,每次调用函数的结果就不同。

```
import math
def circle(r):
    area = math. pi * r * r
    return area
print(circle(2))
```

运行结果:

12.566370614359172

注意:此处函数体内没有用 print()函数,而是用了 return 关键字。在函数调用时却使用了 print()函数进行输出,有什么区别呢?

我们将 return 修改为 print,记住 print()函数要加括号。运行,发现多了一行 None,这表明没有返回值,只需要调用,无须再用 print()。

```
import math
def circle(r):
```

```
        circle = math.pi * r * r
        print(circle)
print(circle(2))
```

运行结果：

```
12.566370614359172
None
```

用 return 的好处就是结果不仅可以输出，显示在屏幕上，也可以进行加减等运算操作。如下调用时，将两次调用结果相加会得到两个圆的面积。

```
import math
def circle(r):
        circle = math.pi * r * r
        return circle
print(circle(2) + circle(2))
```

运行结果：

```
25.132741228718345
```

此处半径 r 可以是整型，也可以是浮点型，但不接受字符型或字符串。

```
import math
def circle(r):
        circle = math.pi * r * r
        print(circle)
a = '2'
print(circle(a))
```

运行结果：

```
Traceback (most recent call last):
  File "文件路径", line 6, in < module >
      print(circle(a))
```

```
    File "文件路径", line 3, in circle
        circle = math. pi * r * r
TypeError: can't multiply sequence by non - int of type 'float'
```

此处的函数只有一个形参,那两个形参呢?

```
def summation(a,b):
    return a + b
print (summation(1,2))
```

三个、四个、五个呢? 我们可以使用元组或列表表示。

```
def summation(A):
    s = 0
    for i in A:
        s = s + i
    return s
A = ([1,2,3,4,5])
print (summation(A))
```

如上,A 是一个列表,函数体内通过 for 循环语句对列表进行遍历求和。

求和可直接使用 Python 的内置函数 sum。

```
A = ([1,2,3,4,5])
print(sum(A))
```

以上接触的函数都只有一个返回值,如果有多个返回值该怎么办呢?

首先看一下有两个返回值的情况。

例如,函数 $y = x^2$ 已知 y 值,求 x 的值。$y = 0$ 时,$x = 0$; $y > 0$ 时,x 会有两个返回值。

```
import math
def f(y):
    if y == 0:
        x1 = 0
```

```
        x2 = 0
        return x1, x2
    elif y > 0:
        x1 = math. sqrt(y)
        x2 = - math. sqrt(y)
        return x1, x2
print(f(4))
```

运行结果：

```
(2.0, - 2.0)
```

代码的第一行导入 math 模块是为了引用 math. sqrt()函数,此函数对括号内的数值进行开根号处理。函数体通过两个 if 语句进行判断,决定输出结果是一个还是两个,两个返回结果之间可用逗号隔开。这是在知道输入值必须是非负数的情况下,如果一不小心,输入有误,输入了负数,会返回什么结果呢？程序当然就会报错。为了避免这样的错误,我们可以给代码再加一个 if 判定条件。如下所示,如果输入值为负数,返回"输入有误,请输入一个大于或等于 0 的数！"的字符串进行提醒。

```
import math
def f(y):
    if y == 0:
        x1 = 0
        x2 = 0
        return x1, x2
    elif y > 0:
        x1 = math. sqrt(y)
        x2 = - math. sqrt(y)
        return x1, x2
    elif y < 0:
        return ("输入有误,请输入一个大于或等于 0 的数！")
print(f( - 4))
```

【练一练】

根据圆的周长公式,定义一个圆的周长函数。

5.2　动手搭积木——函数调用

函数调用后,大家才能看见结果,否则程序无输出,正如一盘散沙的积木,不搭建,是不会成型的。

函数定义成功后,进行函数调用,确认函数正确后,在下次使用此函数时,无须关心函数内有什么,只需知道这个函数需要输入什么,可以实现的内容即可。那么前面一直提到的函数调用是什么呢?

下面为大家讲解一下函数调用的过程,以画圆为例。

下列程序的第一行是引入 math 模块,使用 math.pi 语句来调用模块内的圆周率。第二行到第四行是 circle()函数体。第二行,def 定义参数为 r 的 circle()函数。第三行计算面积,并将结果赋值给变量 area。第四行返回的是 area 的值。第五行调用 circle ()函数,并输出 r 为 2 时的结果。

程序执行的过程是:首先,函数定义是不执行的,程序从 print(circle(2))开始,调用函数,带着参数 2 跳回第二行,第二行是定义,不执行。接着,依次执行函数体的每一行代码,至函数完成,离开函数,回到调用函数的位置继续往下执行。

```
import math
def circle(r):
    area = math.pi * r * r
    return area
print(circle(2))
```

向函数传递参数,形参相当于一个指代词。在调用时会明确它是什么的参数,称为实参。

学习了简单的函数的定义及调用,回顾一下本章一开始的师父被抓的问题,代码可以这么写:

```
def action(name):
    if name == "孙悟空":
        print('孙悟空:"妖怪,快还我师父!"')
    if name == "猪八戒":
```

```
        print('猪八戒:"师父都让妖怪给吃了,你回你的花果山,我回我的高老庄得
了!"')
    if name == "沙僧":
        print('沙僧:"师兄,师父被妖怪抓走了!"')
action("孙悟空")
action("猪八戒")
action("沙僧")
```

运行结果:

```
孙悟空:"妖怪,快还我师父!"
猪八戒:"师父都让妖怪给吃了,你回你的花果山,我回我的高老庄得了!"
沙僧:"师兄,师父被妖怪抓走了!"
```

不用着急,让我们一起来分析代码。第一行 def 关键字表明函数定义的开始,def 紧接着的便是定义名为"action"的函数,括号用来传递参数,形参名为 name,表明此函数在调用时需输入一个实参。形参就相当于指代词"他",而实参就是将指代词具体到一个人或一件事。在函数体中,正常编写实现功能的函数即可,此处函数体完成了三次判断和输出功能。再次注意函数体的格式区别于正常书写,须整体右移四个空格。函数定义完成后,使用函数名和实参进行调用。

```
def action(A):
    for name in A:
        if name == "孙悟空":
            print('孙悟空:"妖怪,快还我师父!"')
        if name == "猪八戒":
            print('猪八戒:"师父都让妖怪给吃了,你回你的花果山,我回我的高老
庄得了!"')
        if name == "沙僧":
            print('沙僧:"师兄,师父被妖怪抓走了!"')
A_list = ['孙悟空','猪八戒','沙僧']
action(A_list)
```

定义名为 action()的函数,A 为形参。for 循环对 A 中元素进行遍历,每个遍历元素为 name,如果 name 等于字符串"孙悟空",则输出字符串——孙悟空:"妖怪,快还我

师父！"，以此类推，实现师父被抓走时，徒弟们表现出的不同举措。

结合前面几章，我们结合第 2 章的数据类型、第 3 章的循环和判断以及第 4 章的列表实现师父被抓走时，徒弟们表现出的不同举措。

```python
def action(A):
    for name in A:
        if name == "孙悟空":
            print('%s' % name + ': "妖怪,快还我师父!"')
        if name == "猪八戒":
            print('%s' % name + ': "师父都让妖怪给吃了,你回你的花果山,我回我的
高老庄得了!"')
        if name == "沙僧":
            print('%s' % name + ': "师兄,师父被妖怪抓走了!"')
A_list = ['孙悟空','猪八戒','沙僧']
action(A_list)
```

定义名为 action() 的函数，A 为形参。通过第 3 章所学的 for 循环语句对第 4 章学的列表 A 中的元素进行遍历，同样用第 3 章所学的 if 语句进行判断。以第 2 章学的字符串类型%s，用变量 name 的值作为主语进行输出。

【知识拓展】　在函数内有变量，在函数外也有变量，那么它们两个有区别吗？即使变量名一样也是有区别的。函数内的变量称为局部变量，函数外的变量称为全局变量。

为了准确区分局部变量和全局变量，在上面师父被抓走的案例中，尝试加最后一行代码，将变量 name 输出试试。

```python
def action(A):
    for name in A:
        if name == "孙悟空":
            print('%s' % name + ': "妖怪,快还我师父!"')
        if name == "猪八戒":
            print('%s' % name + ': "师父都让妖怪给吃了,你回你的花果山,我回我的
高老庄得了!"')
        if name == "沙僧":
            print('%s' % name + ': "师兄,师父被妖怪抓走了!"')
```

```
A_list = ['孙悟空','猪八戒','沙僧']
action(A_list)
print(name)
```

运行结果：

```
Traceback (most recent call last):
  File "文件路径", line 11, in <module>
    print(name)
NameError: name 'name' is not defined
```

程序报错，显示 name 未定义，但明明程序中有 name，这是为什么呢？是因为变量 name 在函数内，它的作用范围只在函数内，在函数外是不存在的，所以程序会报错。那么再尝试定义一个全局变量 name，如下所示。

```
def action(A):
    for name in A:
        if name == "孙悟空":
            print('%s'% name + ': "妖怪,快还我师父!"')
        if name == "猪八戒":
            print('%s'% name + ': "师父都让妖怪给吃了,你回你的花果山,我回我的
高老庄得了!"')
        if name == "沙僧":
            print('%s' % name + ': "师兄,师父被妖怪抓走了!"')
A_list = ['孙悟空','猪八戒','沙僧']
action(A_list)
name = '唐僧'
print(name)
```

运行结果：

```
孙悟空: "妖怪,快还我师父!"
猪八戒: "师父都让妖怪给吃了,你回你的花果山,我回我的高老庄得了!"
沙僧: "师兄,师父被妖怪抓走了!"
唐僧
```

在此例中，变量 name 多次被使用，当打印变量 name 值时输出的是"唐僧"，并没有"孙悟空""猪八戒""沙僧"出现，这是为什么呢？

我们分析一下代码,首先定义一个名为 action()的函数,函数的形参是 A,接着在函数体里进行遍历判断,action()函数的分析同上,我们从倒数第三行开始分析,action(A_list)将 A_list 作为实参调用 action()函数,不着急,我们一步步分析调用的过程,看看变量 name 的变化。调用后,执行 for 循环语句,第一次变量 name 是实参 A_list 中的第一个元素"孙悟空",执行下一句 if 判断,满足条件 name＝＝"孙悟空",将当前的变量 name 进行输出,再次进行判断是否满足 name＝＝"猪八戒",不满足该条件,程序往下执行,也不满足 name＝＝"沙僧"的条件,因为此时的变量 name 就是"孙悟空"。三次判断结束,程序回到 for 循环,此时将实参 A_list 中的第二个元素"猪八戒"赋值给变量 name,同上执行三次 if 判断。三次判断结束后,程序回到 for 循环,此时将实参 A_list 中的第三个元素"沙僧"赋值给变量 name,同上执行三次 if 判断。此时实参 A_list 列表内容结束,函数调用结束。至此,变量 name 都是局部变量。接着执行倒数第二行程序,将"唐僧"赋值给变量 name,程序继续,执行最后一行代码,打印变量 name。结果输出了"唐僧",此处的 name 变量是一个全局变量。代码最后一行中的 print()出来的不会是局部变量,在函数调用时,函数外的变量不会被使用,在函数调用结束后,函数内的变量也不复存在了。

注意:在此建议大家变量名尽量不要重复!

以上案例的文字显得有点儿单调,下面我们尝试用图的形式进行表示,显得更为直观。以学生的成绩统计为例,成绩如表 5-1 所示,以直方图的形式可以很直观地看出学生成绩的分布。

表 5-1　四年级 8 班学生数学成绩统计表

姓名	学号	成绩
刘一	01	80
王二	02	98
张三	03	69
李四	04	90
王五	05	78
赵六	06	83
孙七	07	89
周八	08	55
吴九	09	85
郑十	10	88

从表 5-1 中可以看出每位学生的成绩,但并不直观,如何用图的形式表示出来呢? 我们需要借助 matplotlib 库里的 pyplot 进行画图,通过 import…as…将其简化。定义直方图,有五个参数:横坐标、纵坐标、图例名称、横坐标名称、纵坐标名称。绘制出的直方图如图 5-2 所示。

```python
import matplotlib.pyplot as plt
from pylab import mpl
mpl.rcParams['font.sans-serif'] = ['SimHei']
def bar_chart(x_list, y_list, label_name, x_name, y_name, color):
    plt.bar(x_list, y_list, label=label_name, facecolor=color)
    plt.xlabel(x_name)
    plt.ylabel(y_name)
    plt.show()
x = ['刘一', '王二', '张三', '李四', '王五', '赵六', '孙七', '周八', '吴九', '郑十']
y = [80, 98, 69, 90, 78, 83, 89, 55, 85, 88]
bar_chart(x, y, 'math', 'Name', 'Grade')
```

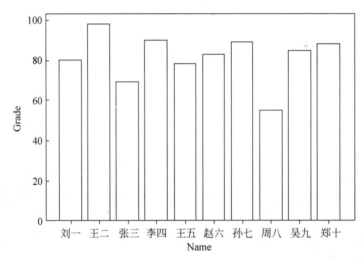

图 5-2　四年级 8 班学生数学成绩直方图

注意:此处的 matplotlib 包需要自己安装,如果程序报错,请查看是否有安装相应的包,如何安装包,见附录 B。从 pylab 库中导入 mpl,设置中文字体 mpl.rcParams ['font.sans-serif']=['SimHei'],SimHei 为简黑字体。

【练一练】

（1）将例题中学生的成绩用折线图表示出来。

（2）将例题的数据以表格的形式存储学生成绩，使用文件操作将数据以条形图表示出来。

5.2.1　函数的嵌套调用

思考一下，在一个函数内，是否可以调用其他函数呢？答案是可以的。并且它有一个名字叫作函数的嵌套调用。

如图 5-3 所示，按照圆圈中数字的顺序，调用函数 f1，函数 f1 执行时，调用函数 f2，执行函数 f2 得到一个返回值返回到调用函数 f2 处，调用函数 f2，得到的返回值返回到调用函数 f1 处。

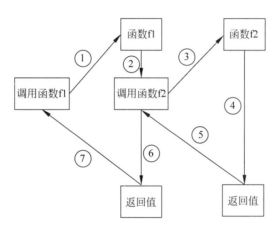

图 5-3　函数嵌套调用示意图

思考一下，一杯糖水，糖与水的比例是 $1:m$，喝掉一半后，又用水加满，如此稀释 n 次后，糖与水的比例是多少呢？此题的关键是糖到底有多少？变量 original_r 存放的是原来糖占糖水的比例。喝掉一半后，还剩的糖占比放在变量 half_r 里。倒满水后，糖与水的占比放在变量 full_r 里，并将 full_r 值进行返回，完成一次糖稀释的过程。

```
def syrup(m):
    original_r = 1 / (1 + m)      # 原来糖占的比例
    half_r = original_r/2         # 喝去一半后还有糖
```

```
        full_r = half_r/(1 - half_r)          #倒满后糖与水的比例
        return full_r
def times(m,n):
    for i in range(1,n + 1):
        m = syrup(m)
    return m                                  #i 次后糖的占比
print(times(5,1))
```

运行结果：

```
0.09090909090909091
```

此处有两个 def，即有两个函数，一个名为 syrup()，另一个名为 times()。从上往下看，第一个函数 syrup() 是计算 1：m 的糖和水稀释一次后糖和水的比例。第二个函数 times() 是稀释 n 次后糖和水的比例。在 times() 函数里调用 syrup() 函数，产生的值重新赋值给变量 m。这个过程便是函数嵌套调用的过程。times() 函数内通过 for 循环语句，将 m 再次作为 syrup() 函数的参数进行调用，达到 n 次稀释的作用。

注意：此处 m 只接受正实数，否则程序便会报错。

5.2.2 函数的递归调用

函数的递归调用是一种特殊的嵌套调用。

如 5!＝5×4!＝5×4×3!＝5×4×3×2!＝5×4×3×2×1!，1 的阶乘是 1，且规定 0 的阶乘是 1，然后从后往前推算。

结合以前的数学知识，可知阶乘公式可表示为：

$$n! = \begin{cases} 1, & n = 0,1 \\ n \times (n-1)!, & n \text{ 为大于 1 的正整数} \end{cases}$$

像这样函数调用自己本身称为函数的递归调用。

```
        def f(n):
        if n == 0:
```

```
            n_j = 1
            return n_j
        elif n > 0:
            n = n * f(n - 1)
            n_j = n
            return n_j
        else:
            return '请输入一个非负数!'
    print(f(10))
```

运行结果:

```
3628800
```

如下所示,定义函数名为 f 的函数,函数体第一行判断输入的数值是否为 0,如果是 0,变量 n_j 赋值为 1,因为 0 的阶乘是 1,当 n>0 时,通过阶乘公式,调用自己本身函数 f( )进行计算。n 从大到小进行递归调用。

此处阶乘函数明显不严谨,若输入的是个浮点型的数值呢?

```
def f(n):
    if n == 0 and type(n) == int:
        n_j = 1
        return n_j
    elif n > 0 and type(n) == int:
        n = n * f(n - 1)
        n_j = n
        return n_j
    else:
        return '请输入一个非负整数!'
print(f(1.1))
```

运行结果:

```
请输入一个非负整数!
```

在 if 判定条件处分别再加上类型判别,若是整型才可以进行阶乘,否则转到 else

的情况,进行输入提示。

大家想一想,数值、字符串都可以进行加操作,函数可以吗? 答案是可以的。请看:

```python
def f(n):
    if n == 0 and type(n) == int:
        n_j = 1
        return n_j
    elif n > 0 and type(n) == int:
        n = n * f(n - 1)
        n_j = n
        return n_j
    else:
        return '请输入一个非负整数!'
def s_f(n):
    sum = 0
    for i in range(1, n + 1):
        sum = sum + f(i)
    return sum
print(s_f(5))
```

运行结果:

```
153
```

计算公式 s_f(n)=1!+2!+…+n!,代码块中第一个函数如上一个案例,是一个阶乘函数,第二个 s_f(n)是对 f()函数进行求和的函数。在 s_f()函数内,首先变量 sum 表示和,初始化 sum 为 0,通过 for 循环语句,将 1~n 的阶乘进行相加,最后返回 sum。

5.3 猜数字游戏(案例)

游戏规则:选手背对大屏幕,大屏幕会随机地出现范围内的任一数字,作为"数字炸弹"。选手根据主持人给的数字范围依次随机地说出一个数字,主持人根据选手说出的数字,逐渐缩小数字范围,直至有位选手说出"数字炸弹",游戏结束,则该选手接受惩罚。注意:选手说出的数字,不含范围边界上的数字。

```
import random
def number_bomb_game(start,end):
    boom_number = random.randint(start + 1, end - 1)    # 保证随机炸弹不是边界数字
    print(boom_number)
    while True:
        print('请输入一个 % d 到 % d 范围内的数:' % (start, end))
        number = input()
        if number.isdigit():                            # 判断输入的是否为数字
            if int(number) > start and int(number) < end :
                break
            else:
                print("输入有误!")
        else:
            print("输入有误!")

    while int(number)!= boom_number:
        if int(number)< boom_number:
            start = number
            while True:
                print('请输入一个 % d 到 % d 范围内的数:' % (int(start), int(end)))
                number = input()
                if number.isdigit():                    # 判断输入的是否为数字
                    if int(number) > int(start) and int(number) < int(end):
```

```
                        break
                else:
                        print("输入有误!")
            else:
                print("输入有误!")
        else:
            end = number
            while True:
                print('请输入一个%d到%d范围内的数:' % (int(start), int(end)))
                number = input()
                if number.isdigit():  # 判断输入的是否为数字
                    if int(number) > int(start) and int(number) < int(end):
                        break
                    else:
                        print("输入有误!")
                else:
                    print("输入有误!")
    else:
        print('game over')
number_bomb_game(1,10)
```

运行结果:

```
3
请输入一个 1 到 10 范围内的数:
8
请输入一个 1 到 8 范围内的数:
4
请输入一个 1 到 4 范围内的数:
3
game over
```

如上,假定代码运行的第一行产生的随机数只有主持人知道,题目确定数字炸弹是一个 1~10 的数,例如 3,选手 1 输入 8,3 在 1~8 的范围内,主持人给出"请输入一个 1 到 8 范围内的数"的提示,选手 2 输入了 4,3 在 1~4 的范围内,主持人给出"请输入一个 1 到 4 范围内的数"的提示,选手 3 输入了 3,主持人提示"game over",游戏结束,数字炸弹就是 3,选手 3 接受惩罚,游戏结束。

5.4 3 的倍数小游戏(案例)

游戏规则:人数不限,依次排好序,从 1 开始报数,若自己的数是 3 的倍数,则不出声(空格代替),否则说出(输入)自己的数字,若选手没有按游戏规则进行,则淘汰选手,最后仅剩的一个人胜利。这次,大家借助代码后面的注释进行理解。

```python
# 函数名为 three_times,形参为 number,用来传入游戏参加的人数
def three_times(number):
    member = []    # member 列表存放游戏成员
    for i in range(1, number + 1):
        member.append(i)       # 对成员从 1 开始编号

    # 提示输入
    print('-' * 50)
    print("【游戏开始】共{}名游戏成员,请从 1 开始报数:".format(number))
    print('【提示】结束比赛请输入【#】,个人退赛请输入【*】')
    print('-' * 50)

    count = 0                  # 记录轮次数
    cur = 0                    # 记录当前轮次的成员的位置

    # 游戏不停地淘汰成员,直到只剩一名成员
```

143

```python
    while len(member) != 1:
        count += 1
        # 判断当前位置的成员是否超过列表的范围
        if cur >= len(member):
            cur = 0

        exp = 0                        # 记录成员应该输入的值

        # 计算预期输入
        if count % 3 == 0:
            exp = ''
        else:
            exp = str(count)

        # 输入的值赋给 input_number 变量
        input_number = input('{}号请输入:'.format(member[cur]))

        # 如果成员选择结束比赛
        if input_number == "#":
            print('游戏中途结束')
            return

        # 如果成员选择退出比赛
        if input_number == "*":
            print('【退出】{}号成员退出比赛,其他人继续'.format(member[cur]))
            member.pop(cur)  # 从成员列表中删除
            continue

        # 如果输入的数字不符合规则
        if input_number != exp:
            print('【淘汰】{}号成员淘汰'.format(member[cur]))
            member.pop(cur)        # 从成员列表中删除
            continue

        cur += 1

    # 游戏直到只剩 1 人,游戏结束,该成员胜利
    print("\n【游戏结束】{}号获胜\n".format(member[0]))

three_times(5)
```

运行结果：

```
------------------------------------------------
【游戏开始】共 5 名游戏成员,请从 1 开始报数:
【提示】结束比赛请输入【♯】,个人退赛请输入【＊】
------------------------------------------------
1 号请输入:1
2 号请输入:2
3 号请输入:3
【淘汰】3 号成员淘汰
4 号请输入:4
5 号请输入:5
1 号请输入:
2 号请输入:6
【淘汰】2 号成员淘汰
4 号请输入:7
【淘汰】4 号成员淘汰
5 号请输入:9
【淘汰】5 号成员淘汰

【游戏结束】1 号获胜
```

说明：

例如,游戏设定 5 人,1 号成员输入 1,2 号成员输入 2,3 号成员输入 3,3 是 3 的倍数,应该输入空格,3 号成员淘汰;4 号成员输入 4,5 号成员输入 5,1 号成员输入空格,均正确;2 号成员应该输入 7,却输入了 6,2 号成员淘汰;4 号成员应该输入 8,却输入了 7,4 号成员淘汰;5 号成员应该输入空格,却输入了 9,9 是 3 的倍数,5 号成员淘汰;游戏仅剩一人,本案例中 1 号成员获胜!

【过关斩将】

（1）用函数打印一张九九乘法表。

（2）输入圆柱体底面的半径 r 和柱高 h,输出圆柱体的体积。（小提示：圆柱体体积＝底面周长×高。）

（3）绘制你们班的成绩直方图。

（4）在直方图的案例里,虽然图的形式很直观,但看到的数据不是特别准确,你是否可以在条形图的上面加上数值呢？

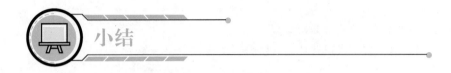

小结

本章学习了函数的使用，在前面学习的基础上，将具有一定功能的代码块用函数表示，后期使用时直接调用，既方便又快捷，代码也十分工整。主要有三种函数：空函数、无参函数和有参函数，其中，有参函数较灵活，使用居多。学习了本章，请你在下面的知识点中，在已经学会的知识前打勾。

☐ 无参函数

☐ 有参函数

☐ 函数定义

☐ 函数调用

☐ 函数嵌套

☐ 函数递归

☐ 全局变量

☐ 局部变量

第6章

综合案例

 案例 1：让 Python 算日期

案例说明：告诉 Python 一个日期，让 Python 判断这一天是这一年的第几天。

算法分析：假设我们输入的日期是 4 月 1 日，可以按两部分来算。一是月份，4 月前面有三个月；二是天数，这是 4 月的第一天。这样算来就可以得出这一天是本年的第几天。注意，闰年 2 月会多一天，所以当输入的年份是闰年，且日期超过 3 月后就要多加一天。

代码实现:

```
# 首先告诉 Python 确切的日期,我们使用 input() 函数
while True:
    year_input = input('请输入年份:\n')      # 提示输入年份
    if year_input.isdigit():                  # 判断输入的年份是否为整数
        year = int(year_input)
        break
    else:
        print('年份输入错误,请输入一个正整数!')
sday = 0                                        # 标记是否为闰年,0 为非闰年
month1 = [1,3,5,7,8,10,12]
month2 = [2,4,6,9,11]
if (year % 400 == 0) or ((year % 4 == 0) and (year % 100 != 0)):  # 判断是不是闰年
    sday = 1                                    # 1 为闰年
while True:
    month_input = input('请输入月份:\n')     # 提示输入月份
    if month_input.isdigit():                  # 判断输入的月份是否为整数
        month = int(month_input)
        if month in range(1,13):               # 判断输入的月份是否在 12 个月之内
            break
        else:
            print('月份输入错误,请输入一个 1~12 的整数!')
    else:
        print('月份输入错误,请输入一个正整数!')
while True:
    day_input = input('请输入日期:\n')        # 提示输入日期
    if day_input.isdigit():                    # 判断输入的月份是否为整数
        day = int(day_input)
        if month == 2:
            if sday != 1:
                if 0 < day <= 28:              # 平年 2 月有 28 天
                    break
                else:
                    print('日期输入错误,请输入一个 1~28 的整数!')
            else:
```

```
            if 0 < day <= 29:            ♯ 闰年 2 月有 29 天
                break
            else:
                print('日期输入错误,请输入一个 1～29 的整数!')
        elif month in month1:
            if 0 < day <= 31:            ♯ 一三五七八十腊,三十一天永不差
                break
            else:
                print('日期输入错误,请输入一个 1 到 31 之间的整数!')
        elif month in month2:            ♯其余月份偶数月 30 天
            if 0 < day <= 30:            ♯ 四六九冬三十天
                break
            else:
                print('日期输入错误,请输入一个 1～28 的整数!')
    else:
        print('日期输入错误,,请输入一个正整数!')
total_day = 0
for count_day in range(1, month):
    if count_day in month1:
        total_day += 31
    elif count_day == 2:
        total_day += 28
        if sday:
            total_day += 1
    else:
        total_day += 30
total_day += day
print('%d 年 %d 月 %d 日是 %s 年的第 %d 天!' % (year,month,day,year,total_day))
```

运行结果:

请输入年份:
2019
请输入月份:
8
请输入日期:
2
2019 年 8 月 2 日是 2019 年的第 214 天!

案例 2：订餐管理

案例说明：你是餐厅的一个开发人员，现在需要开发一个简单的点餐系统，显示菜品和饮料的价格，可由用户选择，用户选择好之后，输出总价钱。

算法分析：

你好，这里是 Python 主题餐厅，有什么可以帮助你的吗？请选择分类：

1. 菜品

2. 饮品

等待用户输入，例如输入 1，进入菜品选择，显示：

下面是我们的菜品，请选择您想要点的：

xxxx：xx 元

xxxx：xx 元

……

等用户点餐结束，输出已购餐品：

xxxxx：xx 元

xxxxx：xx 元

继续点餐请输入 C

结束点餐请输入 F

如果结束点餐则输出：

祝您用餐愉快

代码实现：

```
# - * - coding: utf-8 - * -
import sys #引入 sys 模块,用于下面退出系统的操作
menu_price = {'麻婆豆腐': 18, '番茄炒蛋': 20, '可乐鸡翅': 27, '炭烤牛排': 48, '千叶
豆腐': 26, '可乐': 8, '橙汁': 10, '红酒': 78, '红茶': 26}
menu = [['麻婆豆腐', '番茄炒蛋', '可乐鸡翅', '炭烤牛排', '千叶豆腐'], ['可乐', '橙汁',
'红酒', '红茶']]


ordered = []
def printOrdered():
    print('\n 这是已购菜单:')
    i = 1
    total = 0
    for item in ordered: #依次将已购菜单中的信息输出
        price = menu_price.get(item)
        print('\t % d' % i + '.' + item + ':\t % 3d' % price + '元')
        i += 1
        total += price
    print('共计: % d' % total + '元')
    print('继续点餐请输入:C')
    print('点餐完毕请输入:F')

    while True:
        user_input = input()
        if user_input in ["C","F"]:
            break
        else:
            print("输入有误,请重新输入!")
    return user_input

def listMenu(li):
    print('\n 菜单:')
    i = 1
    print('\t0.退出')
    for item in li: #依次列出菜单中的食物及单价
        print('\t % d' % i + '.' + item + ':\t % 3d' % menu_price.get(item) + '元')
```

```
            i += 1
    while True:
        user_selc = input('输入序号以选择:\n') #提示用户输入选择的食物
        if user_selc.isdigit() and int(user_selc) <= len(li):
            break
        else:
            print("输入有误,请重新输入!")


    return int(user_selc)


print('欢迎光临 Python 主题餐厅')
while(True):
    while True:
        print('下面是我们的菜品和饮品,请输入序号以选择:')
        user_input = input('\t0.退出\n\t1.菜品\n\t2.饮品\n') #提示输入信息
        if user_input.isdigit and user_input in ['0', '1','2'] :
            user_input = int(user_input)
            break
        else:
            print("输入有误,请重新输入!")


    if (user_input == 0): #用户选择了退出菜单
        print("您选择了退出系统")
        while True:
            print("退出后您的已选菜单信息会丢失,确定退出吗?\n1.是\n2.否\n")
            quit_confirm = input("请用户选择(序号):") # 将用户的选择赋值给
                                                   # 变量 quit_confirm

            if quit_confirm == '1':
                print("谢谢使用")
                sys.exit(0)
            elif quit_confirm == '2':
                break
            else:
                print("输入有误")
        continue
    else:
        user_selc = listMenu(menu[user_input - 1]) #根据用户的选择列出菜单
```

```
        if(user_selc == 0):              #用户选择了退出当前菜单
            continue                     #返回上一级菜单
        ordered.append(menu[user_input - 1][user_selc - 1])
        user_porc = printOrdered()       #输出已购菜单的信息
        if(user_porc == 'C'):
            continue
        elif(user_porc == 'F'):
            print('\n 祝您用餐愉快')
            break
```

运行结果:

欢迎光临 Python 主题餐厅
下面是我们的菜品和饮品,请输入序号以选择:
   0.退出
   1. 菜品
   2. 饮品
1

菜单:
   0.退出
   1.麻婆豆腐: 18 元
   2.番茄炒蛋: 20 元
   3.可乐鸡翅: 27 元
   4.炭烤牛排: 48 元
   5.千叶豆腐: 26 元
输入序号以选择:
2

这是已购菜单:
   1.番茄炒蛋: 20 元
共计:20 元
继续点餐请输入:C
点餐完毕请输入:F
C
下面是我们的菜品和饮品,请输入序号以选择:

0. 退出

        1. 菜品

        2. 饮品

1

菜单:

        0.退出

        1.麻婆豆腐：18 元

        2.番茄炒蛋：20 元

        3.可乐鸡翅：27 元

        4.炭烤牛排：48 元

        5.千叶豆腐：26 元

输入序号以选择:

3

这是已购菜单:

        1.番茄炒蛋：20 元

        2.可乐鸡翅：27 元

共计:47 元

继续点餐请输入:C

点餐完毕请输入:F

C

下面是我们的菜品和饮品,请输入序号以选择:

        0.退出

        1. 菜品

        2. 饮品

2

菜单:

        0.退出

        1.可乐：8 元

        2.橙汁：10 元

        3.红酒：78 元

        4.红茶：26 元

输入序号以选择:

1

这是已购菜单:

      1.番茄炒蛋: 20 元

      2.可乐鸡翅: 27 元

      3.可乐: 8 元

共计:55 元

继续点餐请输入:C

点餐完毕请输入:F

C

下面是我们的菜品和饮品,请输入序号以选择:

      0.退出

      1. 菜品

      2. 饮品

2

菜单:

      0.退出

      1.可乐: 8 元

      2.橙汁: 10 元

      3.红酒: 78 元

      4.红茶: 26 元

输入序号以选择:

3

这是已购菜单:

      1.番茄炒蛋: 20 元

      2.可乐鸡翅: 27 元

      3.可乐: 8 元

      4.红酒: 78 元

共计:133 元

继续点餐请输入:C

点餐完毕请输入:F

F

祝您用餐愉快

案例3：摇骰子,比大小

案例说明：摇骰子,比大小游戏规则：有 3 个骰子,每个骰子有 6 面,分别标数字 1～6,三个骰子朝上那一面的值相加总值为 11～18 算大,总值为 3～10 算小。三个骰子的数是随机的,赔率默认是 1 倍,也可以自己定义。玩家拥有一定的本金来押大小,在默认赔率为 1 倍的情况下,玩家猜对了,获得 1 倍的金额,输了,扣除 1 倍的金额。可选择是否接着下注,接着下注,则继续游戏,否则游戏结束。当本金为 0 时,游戏也结束。

算法分析：首先产生 3 个随机数,然后判断 3 个数的和算大的还是小的,11～18 算大,3～10 算小,最后根据提示输入本金、下注、选择是否继续游戏,返回游戏结果。

代码实现：

```
import random #引入 random 模块,用于下面产生随机数
def roll_dice():                    #定义
    points = [random.randint(1,6) for i in range(3)]   #在 1～6 中产生 3 个随机数
    return points                   #以列表的形式将 3 个随机数返回
def roll_result(total):             #定义掷骰子的结果,判断 3 个骰子之和是大还是小
    if total in range(11,19):       #在 11～18 的范围内,是大
        return '大'
    elif total in range(3,11):      #在 3～10 的范围内,是小
        return '小'
```

```python
def start_game(Principal):              # 参数 Principal 表示本金
    while int(Principal) > 0:           # 当本金不为 0
        choices = ['大', '小']          # 下注有两种选择,大或小
        while True:
            your_choice = input('请下注,大 or 小:')   # 提示下注
            if your_choice in ["大","小"]:
                break
            else:
                print("输入有误!")
        while True:
            your_bet = input('请确定下注金额:')    # 提示输入下注金额
            if your_bet.isdigit():      # 判断输入的是否为数字
                if int(your_bet) > 0 and int(your_bet)<= Principal:
                    break
                else:
                    print(f"下注金额应在 0～{Principal}!")
            else:
                print("请输入数字!")
        if your_choice in choices:      # 如果输入的是大或者小
            points = roll_dice()        # 调用 roll_dice()函数,并赋值给 points
            total = sum(points)         # 对三个随机数进行求和
            youWin = your_choice == roll_result(total)  # 判断下注结果是否正确
            if youWin:                  # 如果押对了
                print('骰子点数:', points)   # 输出三个点数
                print('恭喜,你赢了 {} 元,你现在有 {} 元本金'.format(your_bet,
Principal + int(your_bet)))          # 输出赢得的钱及当前的本金
                Principal = Principal + int(your_bet)   # 更新本金
            else:
                print('骰子点数:', points)   # 否则输出三个点数
                print('很遗憾,你输了 {} 元,你现在有 {} 元本金'.format(your_bet,
Principal - int(your_bet)))          # 输出输掉的钱及当前的本金
                Principal = Principal - int(your_bet)   # 更新本金
        else:
            print('格式有误,请重新输入')    # 其他情况,提示输入错误

        while True:
            continue_choice = input('是否继续下注,是 or 否:')  # 提示是否继续下注
```

```
            if continue_choice in ["是","否"]:
                break
            else:
                print("输入有误!")

        if continue_choice == '是':
            continue  # 继续下注
        else:
            print('游戏结束')
            break  # 否则,游戏结束
    else:
        print('游戏结束')
print('----- 游戏开始 -----')
start_game(1000)  # 以本金 1000 为例
```

游戏开始,押 500 且下注为大,3 个骰子为 2,1,3,和为 6,算小,输了 500,扣除之前的本金,现在有 500,询问是否继续下注,否,则退出游戏,游戏结束。

运行结果:

```
----- 游戏开始 -----
请下注,大 or 小: 大
请确定下注金额: 500
骰子点数: [2, 1, 3]
很遗憾,你输了 500 元,你现在有 500 元本金
是否继续下注,是 or 否: 否
游戏结束
```

再玩一次,游戏开始,第一次押 500 下注为大,3 个骰子为 4,1,6,共 11 点为大,赢了。继续游戏,第二次押 1000 下注为小,3 个骰子为 6,6,6,共 18 点为大,输了。继续游戏,押 500 下注为大,3 个骰子为 2,4,4,共 10 点为小,输了。想继续游戏,但本金为 0,只能退出游戏。

运行结果:

```
----- 游戏开始 -----
请下注,大 or 小: 大
请确定下注金额: 500
```

骰子点数：[4, 1, 6]

恭喜,你赢了 500 元,你现在有 1500 元本金

是否继续下注,是 or 否：是

请下注,大 or 小：小

请确定下注金额：1000

骰子点数：[6, 6, 6]

很遗憾,你输了 1000 元,你现在有 500 元本金

是否继续下注,是 or 否：是

请下注,大 or 小：大

请确定下注金额：500

骰子点数：[2, 4, 4]

很遗憾,你输了 500 元,你现在有 0 元本金

是否继续下注,是 or 否：是

游戏结束

案例 4：学生信息管理

案例说明：和手机电话簿一样,学生信息管理是对学生的姓名、学号和其所在班级进行管理,可进行增加、删除、修改、查询、显示的操作。

算法分析：本案例主要有增删改查和显示五个功能,首先要有一个菜单栏,让用户可以实现选择、增加功能,以字典的形式存储学生的姓名、学号和班级。由于姓名和班级可能会重复,为了确保学号的唯一性,删除、修改和查询都以学号寻找学生信息。将一名学生的信息存放在列表里,后期注意循环的跳出即可。

代码实现：

```
def choose():  #定义菜单栏
    print(" --------------------- ")     #虚线隔开
    print(" 学生信息管理")                #菜单栏开头学生信息管理
    print(" 1.添加学生的信息")           #菜单栏选项1.添加学生的信息
    print(" 2.删除学生的信息")           #菜单栏选项2.删除学生的信息
    print(" 3.修改学生的信息")           #菜单栏选项3.修改学生的信息
    print(" 4.查询学生的信息")           #菜单栏选项4.查询学生的信息
    print(" 5.显示所有学生的信息")       #菜单栏选项5.显示所有学生的信息
    print(" 6.退出系统")                 #菜单栏选项6.退出系统
    print(" --------------------- ")     #虚线隔开
students = []                            #列表存放学生信息
while True:  #while True 一直循环,直到遇到结束该循环的 break 语句
    choose()                             #调用菜单栏

    while True:
        choice = input("请用户选择功能(用序号表示):")  # 提示输入菜单栏选项
        if choice in ["1","2","3","4","5","6"]:
            break
        else:
            print("输入有误!")
    choice = int(choice)
    if choice == 1:                      #选择 1,则进行添加学生的信息操作
        while True:
            name = input("请用户输入要添加学生的姓名:")
                        #提示用户输入要添加学生的姓名,且输入值赋给变量 name
            if name in ["",""," ","\n","\t"] :
                print("请不要输入为空或使用空格,制表符,回车等特殊字符!\n")
            else:
                break

        while True:
            student_Id = input("请用户输入要添加学生的学号(注意学号的唯一性):")
#提示用户输入要添加学生的学号(注意学号的唯一性),且输入值赋给 student_Id
            if student_Id.isdigit():
                break
```

```
        else:
            print("请输入数字,不要输入为空或使用空格,制表符,回车等特殊字
符!\n")
        while True:
            grade = input("请用户输入学生的班级:")
                            # 提示用户输入学生的班级且输入值赋给变量 grade
            if grade in ["", " ", "\n", "\t"]:
                print("请不要输入为空或使用空格,制表符,回车等特殊字符!\n")
            else:
                break
        flag = 0 #定义一个标志,0 为学号无重复,1 为学号有重复
        for temp in students: #遍历 students 列表
            if temp['id'] == student_Id:
#列表元素是字典的形式,判断字典中 key 为 id 的 value 是否与输入学号一样
                flag = 1 #若一样,表示有学号重复
                break
        if flag == 1: #若序号重复
            print("用户输入的学生学号重复,添加失败!")
#提示用户输入的学生学号重复,添加失败!
            break
        else: # 定义一个字典,存放单个学生信息
            student_information = {} #定义 student_information 字典形式
            student_information['name'] = name #student_information 字典的 key 为
                                        # name 的 value 值为 name
            student_information['id'] = student_Id #student_information 字典的 key
                                        # 为 id 的 value 值为 student_Id
            student_information['grade'] = grade #student_information 字典的 key
                                        # 为 grade 的 value 值为 grade
            students.append(student_information) #单个学生的信息放入列表
            print("用户添加学生信息成功!")     #提示用户添加学生信息成功!
    elif choice == 2: #选择 2,则进行删除学生的信息操作
        delete_Id = input("请用户输入要删除的学生学号:")
#提示用户输入要删除的学生学号,且输入值赋给 delete_Id
        num = 0                                 #计数列表索引
        flag = 0                                #定义一个标志,0 为未找到,1 为找到
        for temp in students: #遍历 students 列表
            if temp['id'] == delete_Id:         #找到删除学生的学号
```

```
                flag = 1                    #若找到,将进行删除操作
                break
            else:
                num = num + 1               #否则列表索引加 1
        if flag == 0:                       #没找到
            print("该学号不存在,删除失败!")    #提示该学号不存在,删除失败!
        else:
            del students[num]               #找到,根据索引则进行删除操作
            print("删除成功!")              #提示删除成功!
    elif choice == 3:                       #选择 3,则进行修改学生的信息操作
        modify_Id = input("请用户输入要修改学生的学号:")
#提示用户输入要修改学生的学号,且输入值赋给 modify_Id
        # 检测是否有此学号,然后进行修改信息
        num = 0                             #计数列表索引
        flag = 0                            #定义一个标志,0 为未找到,1 为找到
        for temp in students:               #遍历 students 列表
            if temp['id'] == modify_Id:     #找到修改学生的学号
                flag = 1                    #若找到,将进行修改操作
                break
            else:
                num = num + 1               #否则列表索引加 1
        if flag == 1:                       #找到,将进行修改操作
            while True:
                modify_choice = int(input(" 1.修改学号\n 2.修改姓名 \n 3.修改班
级 \n 4.退出修改\n"))              #提示修改选项
                if modify_choice == 1:  #修改选项 1
                    new_Id = input("请用户输入修改后的学号:")
#提示用户输入修改后的学号,并赋值给变量 new_Id
                    # 修改后的学号要验证是否唯一
                    num1 = 0               #计数列表索引
                    flag1 = 0 #定义一个标志,0 为学号无重复,1 为学号有重复
                    for temp1 in students:#遍历 students 列表
                        if temp1['id'] == new_Id: #若修改后的学号有重复
                            flag1 = 1
                            break
                        else:
                            num1 = num1 + 1    #否则,索引加 1
                    if flag1 == 1:             #若学号重复
```

```
                        print("用户输入学号不可重复,修改失败!")
# 提示用户输入学号不可重复,修改失败!
                    else:
                        temp['id'] = new_Id         # 否则,更新学号
                        print("用户对学号修改成功")  # 提示用户对学号修改成功
                elif modify_choice == 2:            # 修改选项 2
                    new_Name = input("请用户输入更改后的姓名:")
# 提示用户输入修改后的姓名,并赋值给变量 new_Name
                    temp['name'] = new_Name  # 更新姓名
                    print("用户对姓名修改成功")  # 提示用户对姓名修改成功
                elif modify_choice == 3:            # 修改选项 2
                    new_grade = input("请用户输入更改后的班级:")
# 提示用户输入更改后的班级,并赋值给变量 new_grade
                    temp['grade'] = new_grade       # 更新班级
                    print("用户对班级修改成功")    # 提示用户对班级修改成功
                elif modify_choice == 4:            # 选项 4
                    break  # 退出
                else:
                    print("用户序号输入错误,请重新输入")
# 否则,提示用户序号输入错误,请重新输入
        else:
            print("系统中没有此学号,修改失败!")
# 否则,提示系统中没有此学号,修改失败!
    elif choice == 4:       # 选择 4,则进行查询学生的信息操作
        search_Id = input("请用户输入要查询学生的学号:")
# 提示用户输入要查询学生的学号,并赋值给变量 search_Id
        # 验证是否有此学号
        flag = 0  # 定义一个标志,0 为无此学号,1 为有此学号
        for temp in students:                       # 遍历 student 列表
            if temp['id'] == search_Id:             # 找到搜索的学号
                flag = 1
                break
        if flag == 0:
            print("系统中没有此学生学号,查询失败!")
# 否则,提示系统中没有此学生学号,查询失败!
        else:
            print("学号:% s\n 姓名:% s\n 班级:% s\n" % (temp['id'], temp['name'],
temp['grade']))  # 将查询到的学生信息进行输出
```

```
    elif choice == 5:            # 选择5,则进行显示所有学生的信息操作
        # 遍历并输出所有学生的信息
        print("学号 姓名 班级")  # 首行输出,提示学号、姓名、班级的顺序输出
        for temp in students:        # 遍历列表
            print("  %s    %s    %s" % (temp['id'], temp['name'], temp['grade']))
        # 输出学号、姓名、班级
        print(" ------------------- ")
    elif choice == 6:                # 选择6,则退出
        # 退出功能
        print("确定退出吗?\n1.是\n2.否\n")  # 提示是否确定退出
        quit_confirm = int(input("请用户选择(序号):"))  # 将用户的选择赋值给变
                                               # 量 quit_confirm
        if quit_confirm == 1:
            print("谢谢使用!")   # 退出,提示谢谢使用
            break
    else:
        print("用户输入序号有误,请重新输入")  # 否则,提示用户输入序号有误,请重
# 新输入
```

运行结果:

```
 ---------------------
学生信息管理
1.添加学生的信息
2.删除学生的信息
3.修改学生的信息
4.查询学生的信息
5.显示所有学生的信息
6.退出系统
 ---------------------
请用户选择功能(用序号表示):1
请用户输入要添加学生的姓名:张志华
请用户输入要添加学生的学号(注意学号的唯一性):1038
请用户输入学生的班级:5
用户添加学生信息成功!
 ---------------------
学生信息管理
```

1.添加学生的信息

2.删除学生的信息

3.修改学生的信息

4.查询学生的信息

5.显示所有学生的信息

6.退出系统

————————————

请用户选择功能(用序号表示):1

请用户输入要添加学生的姓名:李云通

请用户输入要添加学生的学号(注意学号的唯一性):1039

请用户输入学生的班级:4

用户添加学生信息成功!

————————————

学生信息管理

1.添加学生的信息

2.删除学生的信息

3.修改学生的信息

4.查询学生的信息

5.显示所有学生的信息

6.退出系统

————————————

请用户选择功能(用序号表示):5

学号	姓名	班级
1038	张志华	5
1039	李云通	4

————————————

————————————

学生信息管理

1.添加学生的信息

2.删除学生的信息

3.修改学生的信息

4.查询学生的信息

5.显示所有学生的信息

6.退出系统

————————————

请用户选择功能(用序号表示):3

请用户输入要修改学生的学号:1039

1.修改学号

2.修改姓名

3.修改班级

4.退出修改

3

请用户输入更改后的班级:5

用户对班级修改成功

1.修改学号

2.修改姓名

3.修改班级

4.退出修改

4

————————————

学生信息管理

1.添加学生的信息

2.删除学生的信息

3.修改学生的信息

4.查询学生的信息

5.显示所有学生的信息

6.退出系统

————————————

请用户选择功能(用序号表示):4

请用户输入要查询学生的学号:1039

学号:1039

姓名:李云通

班级:5

————————————

学生信息管理

1.添加学生的信息

2.删除学生的信息

3.修改学生的信息

4.查询学生的信息

5.显示所有学生的信息

6.退出系统

————————————

请用户选择功能(用序号表示):2

请用户输入要删除的学生学号:1038

删除成功!

————————————

学生信息管理

1.添加学生的信息

2.删除学生的信息

3.修改学生的信息

4.查询学生的信息

5.显示所有学生的信息

6.退出系统

————————————

请用户选择功能(用序号表示):5

学号	姓名	班级
1039	李云通	5

————————————

————————————

学生信息管理

1.添加学生的信息

2.删除学生的信息

3.修改学生的信息

4.查询学生的信息

5.显示所有学生的信息

6.退出系统

————————————

请用户选择功能(用序号表示):6

确定退出吗?

1.是

2.否

请用户选择(序号):1

谢谢使用!

附录A

Python的安装与配置

A.1 给 Python 搭房子

首先，打开 https://www.python.org/，这就是 Python 家的地址，如图 A-1 所示。

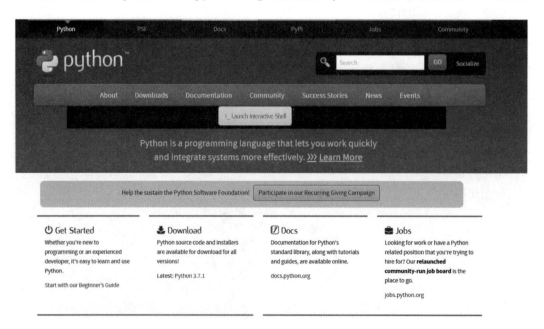

图 A-1　Python 主页面

单击 Downloads 按钮，如图 A-2 所示。

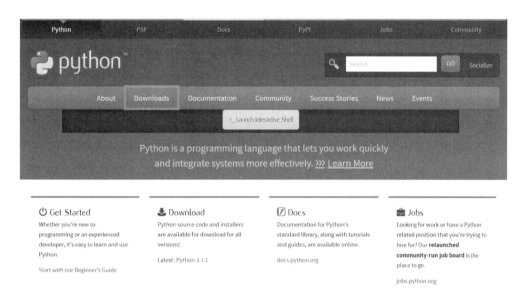

图 A-2　单击 Downloads 按钮

根据自己计算机的系统和配置，选择 Windows、Linux 或 Mac OS X 操作系统。本书选择 Windows 版本，如图 A-3 所示。

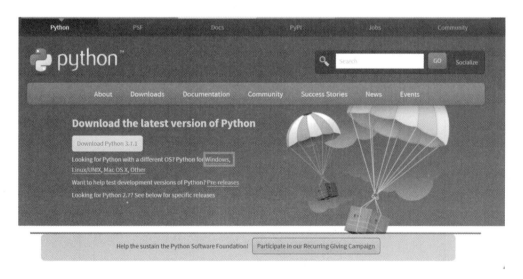

图 A-3　选择 Windows 版本

单击 Windows 出现如图 A-4 所示的界面，接着在无需配置环境变量可以直接使用的解压版（embeddable zip）、需要安装并配置环境变量后使用的安装版（executable installer）、在线安装（web-based installer）三种类型中选择一个，并根据计算机配置选择是 32 位（x86）的还是 64 位（x64）的，然后进行下载。如图 A-4 所示，选择 Windows x86-64 executable installer，表示 Windows 下 64 位的需要安装并配置环境变量后使用的安装版。

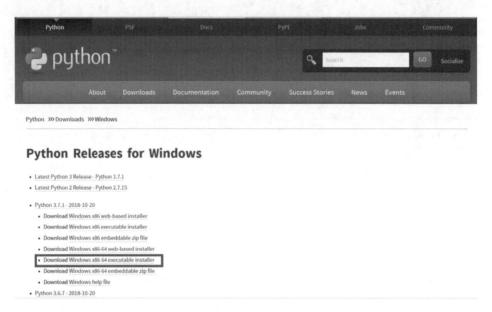

图 A-4　64 位版本

下载好之后，双击.exe 文件。为了省去人工配置环境变量的步骤，记得勾选 Add Python 3.7 to PATH 复选框，如图 A-5 所示。

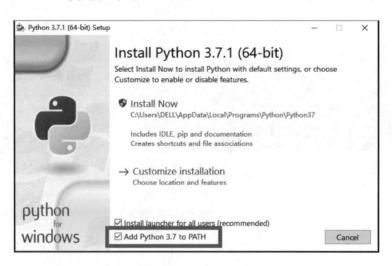

图 A-5　添加 PATH

可以直接安装（Install Now），此时会默认安装。也可以选择自定义安装（Customize installation）。如图 A-6 所示，本书选择自定义安装。

图 A-6　自定义安装

如图 A-7 所示，可以根据自己的需要进行勾选，一般情况下默认即可。

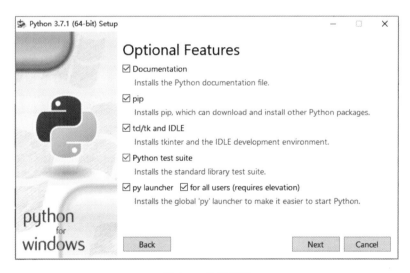

图 A-7　选择安装

如图 A-8 所示，Customize install location 是默认安装位置。

如图 A-9 所示，本书将文件安装位置放在 G 盘中。

最后如图 A-10 所示，显示安装成功，单击右下角的 Close 按钮即可完成安装。

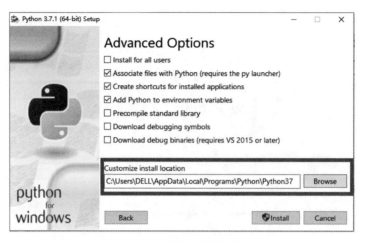

图 A-8　默认安装位置

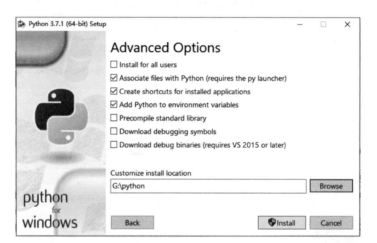

图 A-9　修改安装位置

图 A-10　安装成功

如图 A-11 所示，打开全部程序，发现新添加了 Python 相关的内容。可以使用 IDLE 写代码，实现功能。

图 A-11　程序新增界面

双击 Python 的 IDLE，如图 A-12 所示，打开 Python Shell，现在，开始 Python 真正的学习之路！

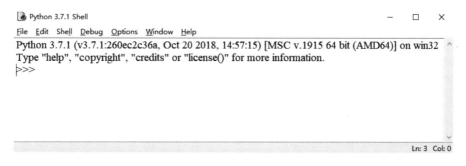

图 A-12　Python Shell 初始界面

如图 A-13 所示，输入 print('hello')，输出 hello，表明 Python 的家已经搭好。

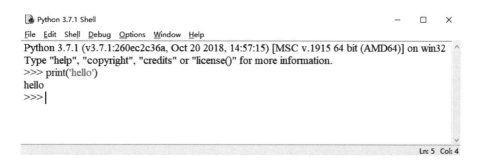

图 A-13　print('hello')界面

单击菜单栏里 Options→Configure IDLE 出现如图 A-14 所示的配置界面，可对文字的字体、大小等进行配置。

写给青少年的编程书——Python 版

图 A-14　配置选项

 A.2　给 Python 搭建 Anaconda 的新房子

Anaconda 集成了 Python，也就是说安装了 Anaconda，就可以直接用 Python，其最大的特点是方便。大家可以在 Anaconda 的官网上（https://www.anaconda.com/download/）下载适合的版本。Anaconda 是跨平台的，有 Windows、Mac OS 和 Linux 版本，这里同样以 Windows 下 64 位的 Python 3.7 为例向大家展示如何给 Python 搭房子。

如图 A-15 所示，在箭头 1 的位置，从左到右可以根据需要选择 Windows 系统、Mac OS 系统或者 Linux 系统。在箭头 2 的位置选择对应的 3.0 以上的版本或 2.0 以上的版本，并选择对应的 32 位或 64 位系统。只有知道自己衣服的尺寸，才能买到适合自己的衣服，所以，知道自己计算机的配置，才能给 Python 搭建好适合的房子。

以 Windows 为例，选择好自己想要的房子，单击 Downloads 按钮后出现如图 A-16 所示的对话框。可以留下自己的联系方式，也可以直接跳过，单击右上角"关闭"按钮即可。如填写信息提交后，如图 A-17 所示。

174

图 A-15　Anaconda 首页

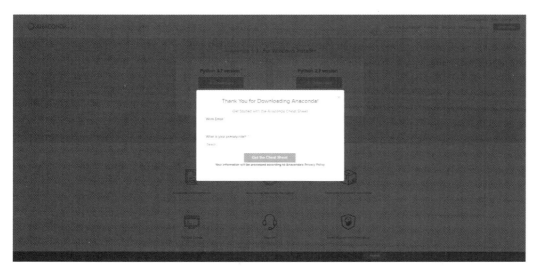

图 A-16　Anaconda 下载

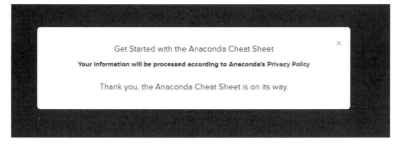

图 A-17　Anaconda 交流方式

由于网速问题，下载时间可能较长，请耐心等待，下载完成后，显示如下.exe 文件，如图 A-18 所示。

图 A-18　Anaconda 安装文件

双击，开始安装，如图 A-19～图 A-21 所示。

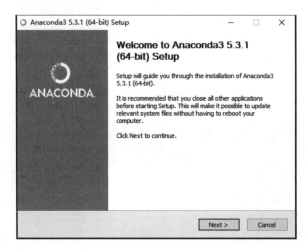

图 A-19　Anaconda 安装向导

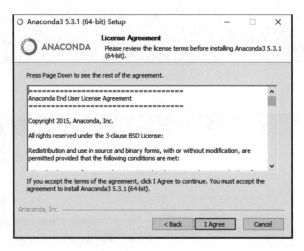

图 A-20　软件同意书

如果你的计算机只有你一个人使用，选择 Just me 单选按钮即可。假如你的计算机是公用计算机，可能有好几个用户在使用，才需要考虑选择 Just Me 还是 All Users。单击 Next 按钮，如图 A-21 所示。

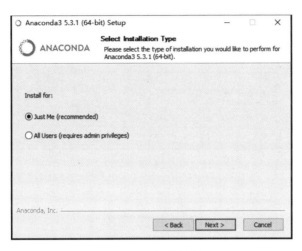

图 A-21　使用类型

如图 A-22 所示，选择目标文件夹即文件安装位置，可以默认安装到 C 盘。如图 A-23 所示，也可以自己选择安装路径，单击 Browse 按钮选择想要安装的文件夹。

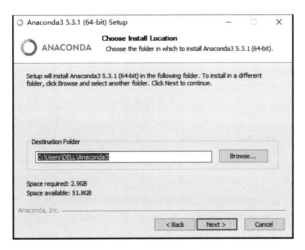

图 A-22　安装默认位置

如图 A-24～图 A-27 所示，默认安装即可。最后在"开始"菜单中可以看见如图 A-28 所示新添加的 Anaconda3。由于安装过程中没有勾选环境变量，Anaconda 安装好之后，切勿着急打开使用，因为为了以后使用的方便需要配置环境变量。

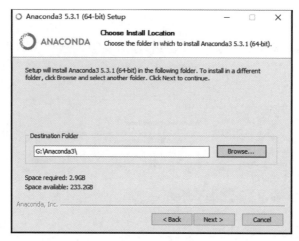

图 A-23　选择安装位置

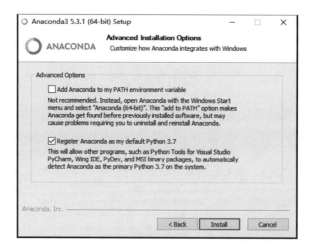

图 A-24　默认 Python 3.7

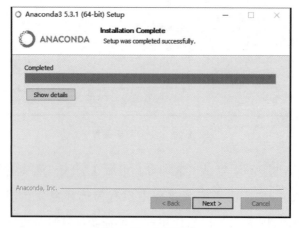

图 A-25　安装完成

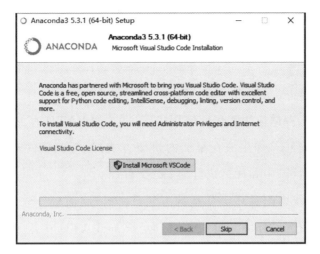

图 A-26 是否安装 VSCode

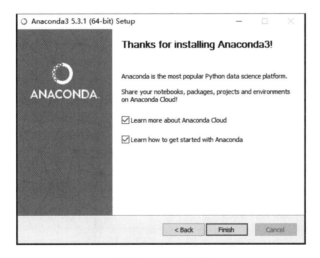

图 A-27 完成安装

图 A-28 完成安装新增界面

A.3 配置环境变量

环境变量是用来存储应用程序所使用的信息的,如 PATH 存储安装某一软件的路径,当我们在其他路径下(如生成在桌面的快捷方式)运行此软件时,计算机会在当前目录和 PATH 指定目录中寻找可执行的 exe 文件。

在 Windows 系统中配置环境变量的方法:在"控制面板"→"系统和安全"→"系统"→"高级系统设置"→"环境变量"→"用户变量"→PATH 中添加 Anaconda 的安装目录的 Scripts 文件夹,根据个人安装路径的不同需要自己调整,如图 A-29 和图 A-30 所示。

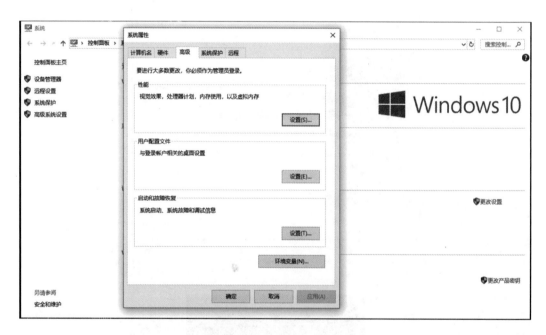

图 A-29　系统属性

按组合键 Win+R,输入"cmd",打开"运行"对话框,输入"Python",显示 Python 的版本等信息,如图 A-31 所示,表明 Python 安装成功。

输入 print("Hello!"),输出"Hello!",如图 A-32 所示。

图 A-30　添加 PATH

图 A-31　命令窗口

图 A-32　Python 界面

不少初学者不喜欢这样的黑框，Anaconda 自带了一个 Python 的编辑器——Spyder，界面可能更受大家喜欢，如图 A-33 所示。

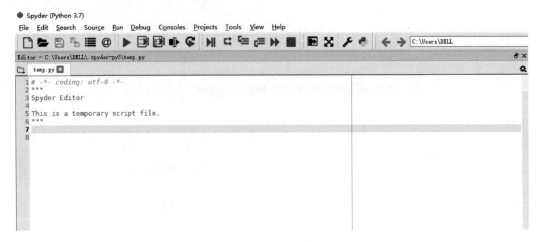

图 A-33　Spyder 界面

Python 除了标准库外还可以安装扩展库,比如 math 模块和 numpy 模块都是用来科学计算的。前者是标准库中的,所以不用安装。而后者是 Python 的扩展库,需要通过 pip 包管理工具来安装。如图 B-1 所示,本书 Python 安装时已经默认安装 pip,打开 cmd 输入"pip -V"可查看安装版本信息。

```
C:\Users\DELL>pip -V
pip 10.0.1 from g:\python\lib\site-packages\pip (python 3.7)
```

图 B-1　pip 版本

如图 B-2 所示,在命令窗口中使用"pip list"命令,可以显示已经安装的模块。提示当前 pip 版本是 10.0.1,但有新版本 18.1 可以更新,使用"Python -m pip install --upgrade pip"命令进行更新。

```
C:\Users\DELL>pip list
Package    Version
---------- -------
pip        10.0.1
setuptools 39.0.1
You are using pip version 10.0.1, however version 18.1 is available.
You should consider upgrading via the 'python -m pip install --upgrade pip' command.
```

图 B-2　已安装模块

耐心等待,如图 B-3 所示,"Successfully installed pip-18.1"表示更新成功。

```
C:\Users\DELL>python -m pip install --upgrade pip
Collecting pip
  Downloading https://files.pythonhosted.org/packages/c2/d7/90f34cb0d83a6c5631cf71dfe64cc1054598c843a92b400e55675cc2ac37/pip-18.1-py2.py3-none-any.whl (1.3MB)
    100% |████████████████████████████████| 1.3MB 18kB/s
Installing collected packages: pip
  Found existing installation: pip 10.0.1
    Uninstalling pip-10.0.1:
      Successfully uninstalled pip-10.0.1
Successfully installed pip-18.1
```

图 B-3　更新 pip

如图 B-4 所示,输入"Python",按回车键后显示 Python 版本等信息和提示符,在提示符处输入"import math"语句,按回车键后出现一项新的提示符,则表明当前模块可用。

```
C:\Users\DELL>python
Python 3.7.1 (v3.7.1:260ec2c36a, Oct 20 2018, 14:57:15) [MSC v.1915 64 bit (AMD64)] on win32
Type "help", "copyright", "credits" or "license" for more information.
>>> import math
>>>
```

图 B-4　导入 math 模块

如图 B-5 所示,输入"import numpy"语句,按回车键后出现错误,根据错误内容可知,没有安装 numpy 模块,则需要大家安装模块,即扩展 numpy 模块。

```
C:\Users\DELL>python
Python 3.7.1 (v3.7.1:260ec2c36a, Oct 20 2018, 14:57:15) [MSC v.1915 64 bit (AMD64)] on win32
Type "help", "copyright", "credits" or "license" for more information.
>>> import math
>>> import numpy
Traceback (most recent call last):
  File "<stdin>", line 1, in <module>
ModuleNotFoundError: No module named 'numpy'
>>>
```

图 B-5　导入 numpy 模块

如图 B-6 所示,打开命令框输入"pip install numpy",等待安装,显示"Successfully installed numpy-1.15.4"表明 numpy 模块安装完成。

```
C:\Users\DELL>pip install numpy
Collecting numpy
  Downloading https://files.pythonhosted.org/packages/00/0e/5a8c34adb97fc1cd6636d78050e575945e874c8516d501421d5a0f377abc/numpy-1.15.4-cp37-none-win_amd64.whl (13.5MB)
    100% |████████████████████████████████| 13.5MB 29kB/s
Installing collected packages: numpy
Successfully installed numpy-1.15.4
```

图 B-6　安装 numpy

如图 B-7 所示,再次输入"Python""import numpy",出现新的提示符,没有出现错误。到此,扩展库 numpy 模块安装成功,并可以使用。

```
C:\Users\DELL>python
Python 3.7.1 (v3.7.1:260ec2c36a, Oct 20 2018, 14:57:15) [MSC v.1915 64 bit (AMD64)] on win32
Type "help", "copyright", "credits" or "license" for more information.
>>> import numpy
>>>
```

图 B-7　再次导入 numpy 模块